AF460064

EXERCICES

DE

MATHÉMATIQUES,

PAR M. AUGUSTIN-LOUIS CAUCHY,

INGÉNIEUR EN CHEF DES PONTS ET CHAUSSÉES, PROFESSEUR A L'ÉCOLE ROYALE POLYTECHNIQUE, PROFESSEUR ADJOINT A LA FACULTÉ DES SCIENCES, MEMBRE DE L'ACADÉMIE DES SCIENCES, CHEVALIER DE LA LÉGION D'HONNEUR.

CINQUIÈME ANNÉE.

A PARIS,

CHEZ DE BURE FRÈRES, LIBRAIRES DU ROI ET DE LA BIBLIOTHÈQUE DU ROI,

RUE SERPENTE, N.° 7.

1830.

IMPRIMERIE DE BÉTHUNE, RUE PALATINE, N° 5, PRÈS SAINT-SULPICE.

SUR LA TRANSFORMATION ET LA RÉDUCTION

D'UNE CERTAINE CLASSE D'INTÉGRALES.

Considérations générales.

Considérons une masse M concentrée sur une surface plane, ou comprise sous un volume donné. Si l'on rapporte les divers points de cette surface ou de ce volume à deux axes rectangulaires des x, y, ou à trois axes rectangulaires des x, y, z, la masse M sera représentée par une intégrale double ou triple relative aux variables x, y ou x, y, z, et dans laquelle la fonction sous le signe $\int$ sera précisément la densité correspondante au point (x, y) ou (x, y, z). Supposons maintenant que la surface ou le volume donné s'étendent indéfiniment dans l'espace. La masse M pourra conserver une valeur finie, si la densité devient sensiblement nulle à de très-grandes distances de l'origine des coordonnées; et, si l'on désigne cette densité par $f(x, y)$ ou par $f(x, y, z)$, on aura

$$M = \int_{-\infty}^{\infty}\int_{-\infty}^{\infty} f(x, y)\, dx\, dy, \tag{1}$$

ou

$$M = \int_{-\infty}^{\infty}\int_{-\infty}^{\infty}\int_{-\infty}^{\infty} f(x, y, z)\, dx\, dy\, dz. \tag{2}$$

Concevons enfin que la densité $f(x, y)$ ou $f(x, y, z)$ se réduise à une expression de la forme

$$\mathrm{f}(\xi, \rho),$$

ξ, ρ^2 désignant deux fonctions entières et homogènes de x, y, z, du premier et du second degré. Les intégrales (1) et (2) deviendront

$$M = \int_{-\infty}^{\infty}\int_{-\infty}^{\infty} \mathrm{f}(\xi, \rho)\, dx\, dy, \tag{3}$$

$$M = \int_{-\infty}^{\infty}\int_{-\infty}^{\infty}\int_{-\infty}^{\infty} \mathrm{f}(\xi, \rho)\, dx\, dy\, dz. \tag{4}$$

Or ces dernières intégrales peuvent subir diverses transformations qui conduisent à des résultats dignes de remarque, et que je vais exposer dans les paragraphes suivants.

---

§ 1.er *Sur la transformation de l'intégrale*

$$\int_{-\infty}^{\infty}\int_{-\infty}^{\infty} \mathrm{f}(\xi,\rho)\,dx\,dy\,,$$

dans laquelle ξ, ρ^2 *désignent des fonctions entières et homogènes de* x, y, *du premier et du second degré.*

Désignons par a, b, A, B, C des constantes réelles dont les trois dernières soient tellement choisies que le trinome

(1) $$Ax^2 + By^2 + 2Cxy$$

reste positif pour toutes les valeurs réelles possibles des variables x, y; et considérons l'intégrale

(2) $$S = \int_{-\infty}^{\infty}\int_{-\infty}^{\infty} \mathrm{f}(\xi,\rho)\,dx\,dy\,,$$

ξ, ρ^2 étant deux fonctions de x, y, z, déterminées par les formules

(3) $$\xi = ax + by\,,$$

(4) $$\rho = (Ax^2 + By^2 + 2Cxy)^{\frac{1}{2}}.$$

On pourra regarder les variables x, y comme propres à représenter des coordonnées rectangulaires, et leur substituer des coordonnées polaires p, r qui soient liées avec elles par les équations

(5) $$x = r\cos p\,, \qquad y = r\sin p.$$

Cela posé, si l'on fait, pour abréger,

(6) $$u = \cos p\,, \qquad v = \sin p\,,$$

(7) $$P = au + bv\,,$$

(8) $$Q = (Au^2 + Bv^2 + 2Cuv)^{\frac{1}{2}},$$

on trouvera

(9) $$\xi = Pr, \qquad \rho = Qr.$$

De plus, en vertu des règles connues, on devra, dans l'intégrale (2), remplacer le produit $dxdy$ par $rdpdr$, et cette intégrale deviendra

(10) $$S = \int_0^{2\pi}\int_0^{\infty} f(Pr, Qr) \,.\, rdrdp.$$

En comparant la formule (2) à la formule (10), on en conclura

(11) $$\int_{-\infty}^{\infty}\int_{-\infty}^{\infty} f(\xi, \rho)\, dxdy = \int_0^{2\pi}\int_0^{\infty} f(Pr, Qr) \,.\, rdrdp.$$

Si l'on suppose en particulier

(12) $$a = 1, \qquad b = 0,$$

(13) $$A = B = 1, \qquad C = 0,$$

on aura

(14) $$\xi = x, \qquad \rho = (x^2 + y^2)^{\frac{1}{2}},$$

(15) $$P = \cos p, \qquad Q = 1,$$

et la formule (11) donnera

(16) $$\int_{-\infty}^{\infty}\int_{-\infty}^{\infty} f\left\{x, (x^2 + y^2)^{\frac{1}{2}}\right\} dxdy = \int_0^{\pi}\int_0^{\infty} f(r\cos p, r)\, rdrdp.$$

Supposons maintenant que, les conditions (13) étant remplies, on attribue aux quantités a, b des valeurs α, β qui vérifient la formule

(17) $$\alpha^2 + \beta^2 = 1.$$

On pourra concevoir qu'aux coordonnées rectangulaires x, y on substitue deux autres coordonnées rectangulaires ξ, η dont la première ξ serait déterminée par l'équation

(18) $$\xi = \alpha x + \beta y,$$

et considérer α, β comme représentant les cosinus des angles formés par le demi-axe des ξ positives avec les demi-axes des x et des y positives. Alors on aura nécessairement

(19) $$x^2 + y^2 = \xi^2 + \eta^2.$$

Par suite la seconde des formules (14) donnera

(20) $$\rho = (\xi^2 + \eta^2)^{\frac{1}{2}},$$

et l'on tirera de l'équation (2) 1.°

$$S = \int_{-\infty}^{\infty}\int_{-\infty}^{\infty} \mathrm{f}\left\{\xi, (\xi^2 + \eta^2)^{\frac{1}{2}}\right\} d\xi\, d\eta,$$

2.°, en ayant égard à la formule (16),

(21) $$S = \int_0^{\pi}\int_0^{\infty} \mathrm{f}(r\cos p, r)\, dr\, dp.$$

On aura donc, en admettant que la condition (17) soit remplie,

(22) $$\int_{-\infty}^{\infty}\int_{-\infty}^{\infty} \mathrm{f}\left\{\alpha x + \beta y, (x^2 + y^2)^{\frac{1}{2}}\right\} dx\, dy = \int_0^{2\pi}\int_0^{\infty} \mathrm{f}(r\cos p)\, r\, dr\, dp.$$

On trouvera de même, en désignant par k une nouvelle constante, et remplaçant $\mathrm{f}(\xi, \rho)$ par $\mathrm{f}(k\xi, \rho)$,

(23) $$\int_{-\infty}^{\infty}\int_{-\infty}^{\infty} \mathrm{f}\left\{k(\alpha x + \beta y), (x^2 + y^2)^{\frac{1}{2}}\right\} dx\, dy = \int_0^{2\pi}\int_0^{\infty} \mathrm{f}(kr\cos p, r)\, r\, dr\, dp.$$

D'ailleurs, pour faire coïncider le premier membre de l'équation (23) avec l'intégrale

$$\int_{-\infty}^{\infty}\int_{-\infty}^{\infty} \mathrm{f}\left\{ax + by, (x^2 + y^2)^{\frac{1}{2}}\right\} dx\, dy,$$

il suffira de choisir α, β, k de manière à vérifier les formules

(24) $$k\alpha = a, \qquad k\beta = b,$$

et alors l'équation (17) donnera

(25) $$\frac{a^2 + b^2}{k^2} = 1,$$

On satisfait à l'équation (25) en prenant

$$k = \pm (a^2 + b^2)^{\frac{1}{2}}.$$

Si, pour fixer les idées, on suppose

$$k = (a^2 + b^2)^{\frac{1}{2}}, \tag{26}$$

on tirera des formules (23) et (24)

$$\int_{-\infty}^{\infty}\int_{-\infty}^{\infty} \mathrm{f}\left\{ax + by, (x^2 + y^2)^{\frac{1}{2}}\right\} dx\,dy = \int_{0}^{\pi}\int_{0}^{\infty} \mathrm{f}\left\{(a^2 + b^2)^{\frac{1}{2}} r\cos p, r\right\} r\,dr\,dp. \tag{27}$$

Cette dernière équation subsiste, quelles que soient les valeurs réelles attribuées aux constantes a, b.

Concevons à présent que les coefficients A, B, C cessent de vérifier les conditions (13). On aura évidemment

$$\rho^2 = Ax^2 + By^2 + 2Cxy = A\left(x + \frac{C}{A} y\right)^2 + \frac{AB - C^2}{A} y^2. \tag{28}$$

D'autre part, le polynome (1), qui est précisément égal à ρ^2, devant rester positif pour toutes les valeurs réelles de x, y, le dernier membre de la formule (28) jouira de la même propriété, d'où il suit qu'on aura encore

$$A > 0, \qquad AB - C^2 > 0. \tag{29}$$

Cela posé, si l'on fait, pour abréger,

$$\Omega = (AB - C^2)^{\frac{1}{2}}, \tag{30}$$

et

$$\mathrm{x} = A^{\frac{1}{2}}\left(x + \frac{C}{A} y\right), \qquad \mathrm{y} = \frac{\Omega}{A^{\frac{1}{2}}} y, \tag{31}$$

les nouvelles variables x, y seront réelles en même temps que x, y, et la formule (28) donnera

$$\rho^2 = \mathrm{x}^2 + \mathrm{y}^2. \tag{32}$$

Alors aussi, en remplaçant, dans l'intégrale (2), x par x, et y par y, on trouvera

$$S = \frac{1}{\Omega}\int_{-\infty}^{\infty}\int_{-\infty}^{\infty} \mathrm{f}(\xi, \rho)\, d\mathrm{x}\, d\mathrm{y}, \tag{33}$$

tandis que les formules (31) donneront

$$dx = \frac{d\mathrm{x}}{A^{\frac{1}{2}}}, \qquad dy = A^{\frac{1}{2}} \frac{d\mathrm{y}}{\Omega}.$$

De plus, on tirera des formules (31)

(34) $$y = \frac{A^{\frac{1}{2}}}{\Omega} \mathrm{y}, \qquad x = \frac{1}{A^{\frac{1}{2}}} \left(\mathrm{x} - \frac{C}{\Omega} \mathrm{y}\right),$$

et par suite

(35) $$\xi = ax + by = \mathrm{a}\mathrm{x} + \mathrm{b}\mathrm{y},$$

les valeurs de a, b, c étant

(36) $$\mathrm{a} = \frac{1}{A^{\frac{1}{2}}} a, \qquad \mathrm{b} = \frac{A^{\frac{1}{2}}}{\Omega} \left(b - \frac{C}{A} a\right);$$

puis on en conclura

(37) $$(\mathrm{a}^2 + \mathrm{b}^2)^{\frac{1}{2}} = K,$$

la valeur de K étant

(38) $$K = \left\{ \frac{Ba^2 + Ab^2 - 2Cab}{AB - C^2} \right\}^{\frac{1}{2}}.$$

Cela posé, la formule (33), jointe à l'équation (27), donnera

$$S = \frac{1}{\Omega} \int_{-\infty}^{\infty} \int_{-\infty}^{\infty} \mathrm{f}\left\{\mathrm{a}\mathrm{x} + \mathrm{b}\mathrm{y}, (\mathrm{x}^2 + \mathrm{y}^2)^{\frac{1}{2}}\right\} d\mathrm{x}\, d\mathrm{y}$$

$$= \frac{1}{\Omega} \int_0^{2\pi} \int_0^{\infty} \mathrm{f}\left\{(\mathrm{a}^2 + \mathrm{b}^2)^{\frac{1}{2}} r \cos p, r\right\} r\, dr\, dp,$$

ou, ce qui revient au même,

(39) $$S = \frac{1}{\Omega} \int_0^{2\pi} \int_0^{\infty} \mathrm{f}(Kr\cos p, r)\, r\, dr\, dp.$$

En comparant cette dernière équation à la formule (10), on trouvera

(40) $$\int_0^{2\pi} \int_0^{\infty} \mathrm{f}(Pr, Qr)\, r\, dr\, dp = \frac{1}{\Omega} \int_0^{\pi} \int_0^{\infty} \mathrm{f}(Kr\cos p, r)\, r\, dr\, dp,$$

les valeurs de P, Q, Ω et K étant déterminées par les formules (6), (7), (8), (30) et (38).

Si l'on remplace, dans le premier membre de l'équation (40), r par $\frac{r}{Q}$, on en tirera

(41) $$\int_0^{2\pi}\int_0^{\infty} \mathrm{f}\left(\frac{P}{Q}r, r\right)\frac{r\,dr\,dp}{Q^2} = \frac{1}{\Omega}\int_0^{2\pi}\int_0^{\infty}\mathrm{f}(Kr\cos p, r)\,r\,dr\,dp,$$

puis, en posant, pour abréger,

(42) $$\int_0^{\infty}\mathrm{f}(Kr, r).\,r\,dr = f(K),$$

on trouvera

(43) $$\int_0^{2\pi} f\left(\frac{P}{Q}\right)\frac{dp}{Q^2} = \frac{1}{\Omega}\int_0^{2\pi} f(\mathrm{K}\cos p)\,dp.$$

On arriverait encore au même résultat, en prenant

(44) $$\mathrm{f}(\xi, \rho) = e^{-\rho} f\left(\frac{\xi}{\rho}\right),$$

ou bien

(45) $$\mathrm{f}(\xi, \rho) = e^{-\rho^2} f\left(\frac{\xi}{\rho}\right),$$

etc..... Ainsi, par exemple, en adoptant la valeur de $\mathrm{f}(\xi, \rho)$ donnée par la formule (44), on réduirait l'équation (41) à

$$\int_0^{2\pi}\int_0^{\infty} re^{-r} f\left(\frac{P}{Q}\right)\frac{dr\,dp}{Q^2} = \frac{1}{\Omega}\int_0^{2\pi}\int_0^{\infty} re^{-r} f(\mathrm{K}\cos p)\,dr\,dp,$$

puis, en divisant les deux membres par la quantité

$$\int_0^{\infty} re^{-r}\,dr = 1,$$

on retrouverait l'équation (43).

Si, dans l'équation (43), on remet au lieu de P, Q, Ω, K leurs valeurs respectives, on obtiendra la formule

(46) $$\left\{\begin{aligned} &\int_0^{2\pi} f\left\{\frac{a\cos p + b\sin p}{(A\cos^2 p + B\sin^2 p + 2C\sin p\cos q)^{\frac{1}{2}}}\right\}\frac{dp}{A\cos^2 p + B\sin^2 p + 2C\sin p\cos p} \\ &= \frac{1}{(AB - C^2)^{\frac{1}{2}}}\int_0^{2\pi} f\left\{\frac{(Aa^2 + Bb^2 - 2Cab)^{\frac{1}{2}}\cos p}{(AB - C^2)^{\frac{1}{2}}}\right\}dp,\end{aligned}\right.$$

delaquelle on peut en déduire plusieurs autres par des différenciations relatives aux constantes a, b, A, B, C. Si, dans la même formule, on pose

$$(47)\qquad b=0,\quad C=0,$$

si de plus on divise chacun de ses membres par 2, on trouvera

$$(48)\qquad \int_0^{\pi} f\left\{\frac{a\cos p}{(A\cos^2 p+B\sin^2 p)^{\frac{1}{2}}}\right\}\frac{dp}{A\cos^2 p+B\sin^2 p}=\frac{1}{A^{\frac{1}{2}}B^{\frac{1}{2}}}\int_0^{\pi} f\left(\frac{a\cos p}{A^{\frac{1}{2}}}\right)dp\,;$$

et l'on en conclura, en prenant $\cos p=x$,

$$(49)\qquad \int_{-1}^{1} f\left\{\frac{ax}{[(A-B)x^2+B]^{\frac{1}{2}}}\right\}\frac{1}{(A-B)x^2+B}\,\frac{dx}{\sqrt{1-x^2}}=\frac{1}{A^{\frac{1}{2}}B^{\frac{1}{2}}}\int_{-1}^{1} f\left(\frac{ax}{A^{\frac{1}{2}}}\right)\frac{dx}{\sqrt{1-x^2}}.$$

Enfin, si, dans l'équation (46), on pose

$$(50)\qquad B=C=1,$$

elle donnera simplement

$$(51)\qquad \int_0^{2\pi} f(a\cos p+b\sin p)\,dp=\int_0^{2\pi} f[(a^2+b^2)^{\frac{1}{2}}\cos p]\,dp.$$

Les équations (46), (48), (49), (51) paraissent dignes de remarque, et fournissent les moyens de transformer les unes dans les autres un grand nombre d'intégrales définies.

---

§ 2. *Sur la transformation de l'intégrale*

$$\int_{-\infty}^{\infty}\int_{-\infty}^{\infty}\int_{-\infty}^{\infty} \mathrm{f}(\xi,\rho)\,dx\,dy\,dz\,,$$

dans laquelle ξ, ρ^2 *désignent deux fonctions entières et homogènes de* x, y, z, *du premier et du second degré.*

Désignons par a, b, c, A, B, C, D, E, F des constantes réelles dont les six dernières soient tellement choisies que le polynome

$$(1)\qquad Ax^2+By^2+Cz^2+2Dyz+2Ezx+2Fxy$$

reste positif pour toutes les valeurs réelles possibles des variables x, y, z; et considérons l'intégrale triple

$$(2) \qquad S = \int_{-\infty}^{\infty}\int_{-\infty}^{\infty}\int_{-\infty}^{\infty} \mathrm{f}(\xi, \rho)\, dx\, dy\, dz\,,$$

ξ, ρ^2 étant deux fonctions déterminées par les formules

$$(3) \qquad \xi = ax + by + cz\,,$$

$$(4) \qquad \rho = (Ax^2 + By^2 + Cz^2 + 2Dyz + 2Ezx + 2Fxy)^{\frac{1}{2}}\,.$$

On pourra regarder les variables x, y, z comme propres à représenter des coordonnées rectangulaires, et leur substituer des coordonnées polaires p, q, r, qui soient liées avec elles par les équations

$$(5) \qquad x = r\cos p\,, \qquad y = r\sin p \sin q\,, \qquad z = r\sin p \sin q\,.$$

Cela posé, si l'on fait, pour abréger,

$$(6) \qquad u = \cos p\,, \qquad v = \sin p \cos q\,, \qquad w = \sin p \sin q\,,$$

$$(7) \qquad P = au + bv + cw\,,$$

$$(8) \qquad Q = (Au^2 + Bv^2 + Cw^2 + 2Dvw + 2Ewu + 2Fuv)^{\frac{1}{2}}\,,$$

on trouvera

$$(9) \qquad \xi = Pr, \qquad \rho = Qr.$$

De plus, en vertu des règles connues, on devra, dans l'intégrale (2), remplacer le produit $dx\,dy\,dz$ par $r^2 \sin p\, dr\, dq\, dp$, et cette intégrale deviendra

$$(10) \qquad S = \int_0^{\pi}\int_0^{2\pi}\int_0^{\infty} \mathrm{f}(Pr, Qr)\, r^2 \sin p\, dr\, dq\, dp\,.$$

En comparant la formule (2) à la formule (10), on en conclura

$$(11) \qquad \int_{-\infty}^{\infty}\int_{-\infty}^{\infty}\int_{-\infty}^{\infty} \mathrm{f}(\xi, \rho)\, dx\, dy\, dz = \int_0^{\pi}\int_0^{2\pi}\int_0^{\infty} \mathrm{f}(Pr, Qr)\, r^2 \sin p\, dr\, dq\, dp\,.$$

Si l'on suppose en particulier

$$(12) \qquad a = 1\,, \qquad b = c = 0\,,$$

et

(13) $$A = B = C = 1, \qquad D = E = F = 0,$$

on aura

(14) $$\xi = x, \qquad \rho = (x^2 + y^2 + z^2)^{\frac{1}{2}},$$

(15) $$P = \cos p, \qquad Q = 1,$$

et la formule (11) donnera

(16) $$\int_{-\infty}^{\infty}\int_{-\infty}^{\infty}\int_{-\infty}^{\infty} \mathrm{f}\left\{x, (x^2+y^2+z^2)^{\frac{1}{2}}\right\} dx\,dy\,dz = 2\pi \int_0^{\pi}\int_0^{\infty} \mathrm{f}(r\cos p, r) r^2 \sin p\, dr\, dp.$$

Supposons maintenant que, les conditions (13) étant remplies, on attribue aux quantités a, b, c des valeurs α, β, γ qui vérifient la formule

(17) $$\alpha^2 + \beta^2 + \gamma^2 = 1.$$

On pourra concevoir qu'aux coordonnées rectangulaires x, y, z on substitue trois autres coordonnées rectangulaires ξ, η, ζ, dont la première ξ soit déterminée par l'équation

(18) $$\xi = \alpha x + \beta y + \gamma z,$$

et considérer α, β, γ comme représentant les cosinus des angles formés par le demi-axe des ξ positives avec les demi-axes des x, y, z positives. Alors on aura nécessairement

(19) $$x^2 + y^2 + z^2 = \xi^2 + \eta^2 + \zeta^2.$$

Par suite la seconde des formules (14) donnera

(20) $$\rho = (\xi^2 + \eta^2 + \zeta^2)^{\frac{1}{2}},$$

et l'on tirera de l'équation (2) 1.°

$$S = \int_{-\infty}^{\infty}\int_{-\infty}^{\infty}\int_{-\infty}^{\infty} \mathrm{f}\left\{\xi, (\xi^2 + \eta^2 + \zeta^2)^{\frac{1}{2}}\right\} d\xi\, d\eta\, d\zeta,$$

2.°, en ayant égard à la formule (16),

(21) $$S = 2\pi \int_0^{\pi}\int_0^{\infty} \mathrm{f}(r\cos p, r)\, r^2 \sin p\, dr\, dp.$$

On aura donc, en admettant que la condition (17) soit remplie,

$$(22)\quad \left\{\begin{aligned}&\int_{-\infty}^{\infty}\int_{-\infty}^{\infty}\int_{-\infty}^{\infty}\mathrm{f}\left\{\alpha x+\beta y+\gamma z,(x^2+y^2+z^2)^{\frac{1}{2}}\right\}dx\,dy\,dz\\&=2\pi\int_0^{\pi}\int_0^{\infty}\mathrm{f}(r\cos p,r)\,.\,r^2\sin p\,dr\,dp.\end{aligned}\right.$$

On trouvera de même, en désignant par k une nouvelle constante, et remplaçant $\mathrm{f}(\xi,\rho)$ par $\mathrm{f}(k\xi,\rho)$,

$$(23)\quad \left\{\begin{aligned}&\int_{-\infty}^{\infty}\int_{-\infty}^{\infty}\int_{-\infty}^{\infty}\mathrm{f}\left\{k(\alpha x+\beta y+\gamma z),(x^2+y^2+z^2)^{\frac{1}{2}}\right\}dx\,dy\,dz\\&=2\pi\int_0^{\pi}\int_0^{\infty}\mathrm{f}(kr\cos p,r)\,r^2\sin p\,dr\,dp.\end{aligned}\right.$$

D'ailleurs, pour faire coïncider le premier membre de l'équation (23) avec l'intégrale

$$\int_{-\infty}^{\infty}\int_{-\infty}^{\infty}\int_{-\infty}^{\infty}\mathrm{f}\left\{ax+by+cz,(x^2+y^2+z^2)^{\frac{1}{2}}\right\}dx\,dy\,dz,$$

il suffira de choisir α, β, γ, k de manière à vérifier les formules

$$(24)\qquad k\alpha=a,\qquad k\beta=b,\qquad k\gamma=c,$$

et alors l'équation (17) donnera

$$(25)\qquad \frac{a^2+b^2+c^2}{k^2}=1.$$

On satisfait à l'équation (25) en prenant

$$k=\pm(a^2+b^2+c^2)^{\frac{1}{2}}.$$

Si, pour fixer les idées, on suppose

$$(26)\qquad k=(a^2+b^2+c^2)^{\frac{1}{2}},$$

on tirera des formules (23) et (24)

$$(27)\quad \left\{\begin{aligned}&\int_{-\infty}^{\infty}\int_{-\infty}^{\infty}\int_{-\infty}^{\infty}\mathrm{f}\left\{ax+by+cz,(x^2+y^2+z^2)^{\frac{1}{2}}\right\}dx\,dy\,dz\\&=2\pi\int_0^{\pi}\int_0^{\infty}\mathrm{f}\left\{(a^2+b^2+c^2)^{\frac{1}{2}}r\cos p,r\right\}r^2\sin p\,dr\,dp.\end{aligned}\right.$$

Cette dernière équation subsiste, quelles que soient les valeurs réelles attribuées aux constantes a, b, c.

Concevons à présent que les coefficients A, B, C, D, E, F cessent de vérifier les conditions (13). On aura évidemment

$$Ax^2+By^2+Cz^2+2Dyz+2Ezx+2Fxy$$
$$=A\left(x+\frac{F}{A}y+\frac{E}{A}z\right)^2+\frac{(AB-F^2)y^2+2(AD-EF)yz+(AC-E^2)z^2}{A},$$

et

$$(AB-F^2)y^2+2(AD-EF)yz+(AC-E^2)z^2$$
$$=(AB-F^2)\left(y+\frac{AD-EF}{AB-F^2}z\right)^2+\frac{A(ABC-AD^2-BE^2-CF^2+2DEF)z^2}{AB-F^2}.$$

Par suite, l'équation qui détermine la valeur de ρ^2, savoir,

(28) $$\rho^2=Ax^2+By^2+Cz^2+2Dyz+2Ezx+2Fxy,$$

pourra être présentée sous la forme

(29) $$\rho^2=G\left(x+\frac{F}{A}y+\frac{E}{A}z\right)^2+H\left(y+\frac{AD-EF}{AB-F^2}z\right)^2+Iz^2,$$

les valeurs de G, H, I étant

(30) $$G=A,\quad H=\frac{AB-F^2}{A},\quad I=\frac{ABC-AD^2-BE^2-CF^2+DEF}{AB-F^2}.$$

D'autre part, le polynome (1), qui est précisément égal à ρ^2, devant rester positif pour toutes les valeurs réelles de x, y, z, on aura nécessairement

(31) $$G>0,\qquad H>0,\qquad I>0,$$

ou, ce qui revient au même,

(32) $$A>0,\quad AB-F^2>0,\quad ABC-AD^2-BE^2-CF^2+2DEF>0.$$

Cela posé, si l'on prend

(33) $$\mathrm{x}=G^{\frac{1}{2}}\left(x+\frac{F}{A}y+\frac{E}{A}z\right),\quad \mathrm{y}=H^{\frac{1}{2}}\left(y+\frac{AD-EF}{AB-F^2}z\right),\quad \mathrm{z}=I^{\frac{1}{2}}z,$$

les nouvelles variables x, y, z seront réelles en même temps que x, y, z, et la valeur positive de ρ, déduite de la formule (29), sera

$$\rho = (x^2 + y^2 + z^2)^{\frac{1}{2}}. \tag{34}$$

Alors aussi, en remplaçant, dans l'intégrale (2), x par x, y par y, z par z, on trouvera

$$S = \frac{1}{(GHI)^{\frac{1}{2}}} \int_{-\infty}^{\infty} \int_{-\infty}^{\infty} \int_{-\infty}^{\infty} f(\xi, \rho)\, dx\, dy\, dz, \tag{35}$$

attendu que les formules (33) donneront

$$dx = \frac{dx}{G^{\frac{1}{2}}}, \qquad dy = \frac{dy}{H^{\frac{1}{2}}}, \qquad dz = \frac{dz}{I^{\frac{1}{2}}}.$$

Donc, en faisant, pour abréger $\Omega = (GHI)^{\frac{1}{2}}$, ou, ce qui revient au même,

$$\Omega = (ABC - AD^2 - BE^2 - CF^2 + 2DEF)^{\frac{1}{2}}, \tag{36}$$

on aura encore

$$S = \frac{1}{\Omega} \int_{-\infty}^{\infty} \int_{-\infty}^{\infty} \int_{-\infty}^{\infty} f(\xi, \rho)\, dx\, dy\, dz. \tag{37}$$

De plus on tirera des formules (33)

$$z = \frac{z}{I^{\frac{1}{2}}}, \quad y = \frac{y}{H^{\frac{1}{2}}} - \frac{AD-EF}{AB-F^2} \frac{z}{I^{\frac{1}{2}}}, \quad x = \frac{x}{G^{\frac{1}{2}}} - \frac{F}{A} \frac{y}{H^{\frac{1}{2}}} + \frac{FD-BE}{AB-F^2} \frac{z}{I^{\frac{1}{2}}}, \tag{38}$$

et par suite

$$\xi = ax + by + cz = ax + by + cz, \tag{39}$$

les valeurs de a, b, c étant

$$a = \frac{1}{G^{\frac{1}{2}}} a, \quad b = \frac{1}{H^{\frac{1}{2}}} \left(b - \frac{F}{A} a \right), \quad c = \frac{1}{I^{\frac{1}{2}}} \left(c - \frac{AD-EF}{AB-F^2} b + \frac{FD-BE}{AB-F^2} a \right); \tag{40}$$

puis on en conclura

$$(a^2 + b^2 + c^2)^{\frac{1}{2}} = K, \tag{41}$$

la valeur de K étant

$$K = \tag{42}$$

$$\left\{ \frac{(BC-D^2)a^2 + (CA-E^2)b^2 + (AB-F^2)c^2 + 2(EF-AD)bc + 2(FD-BE)ca + 2(DE-CF)ab}{ABC - AD^2 - DE^2 - CF^2 + 2DEF} \right\}^{\frac{1}{2}}.$$

Enfin l'on tirera de la formule (37), jointe aux équations (39), (34) et (27),

$$S = \frac{1}{\Omega}\int_{-\infty}^{\infty}\int_{-\infty}^{\infty}\int_{-\infty}^{\infty} \mathrm{f}\left\{ax + by + cz, (x^2 + y^2 + z^2)^{\frac{1}{2}}\right\} dz\,dy\,dx$$

$$= \frac{2\pi}{\Omega}\int_0^{\pi}\int_0^{\infty} \mathrm{f}\left\{(a^2 + b^2 + c^2)^{\frac{1}{2}} r\cos p, r\right\} r^2 \sin p\, dr\, dp,$$

ou, ce qui revient au même,

$$S = \frac{2\pi}{\Omega}\int_0^{\pi}\int_0^{\infty} \mathrm{f}(Kr\cos p, r) r^2 \sin p\, dr\, dp. \tag{43}$$

Or, en comparant cette dernière équation à la formule (10), on trouvera

$$\int_0^{\pi}\int_0^{2\pi}\int_0^{\infty} \mathrm{f}(Pr, Qr) r^2 \sin p\, dr\, dq\, dp = \frac{2\pi}{\Omega}\int_0^{\pi}\int_0^{\infty} \mathrm{f}(Kr\cos p, r) r^2 \sin p\, dr\, dp, \tag{44}$$

les valeurs de P, Q, Ω et K étant déterminées par les formules (6), (7), (8), (36) et (42).

Si l'on remplace, dans le premier membre de l'équation (44), r par $\frac{r}{Q}$, on en tirera

$$\int_0^{\pi}\int_0^{2\pi}\int_0^{\infty} \mathrm{f}\left(\frac{P}{Q} r, r\right) r^2 \sin p\, \frac{dr\, dq\, dp}{Q^3} = \frac{2\pi}{\Omega}\int_0^{\pi}\int_0^{\infty} \mathrm{f}(Kr\cos p, r) r^2 \sin p\, dr\, dp; \tag{45}$$

puis, en posant, pour abréger,

$$\int_0^{\infty} \mathrm{f}(Kr, r) . r^2\, dr = f(K), \tag{46}$$

on trouvera

$$\int_0^{\pi}\int_0^{2\pi} f\left(\frac{P}{Q}\right) \frac{\sin p\, dq\, dp}{Q^3} = \frac{2\pi}{\Omega}\int_0^{\pi} f(K\cos p) \sin p\, dp. \tag{47}$$

On arriverait encore au même résultat en prenant

$$\mathrm{f}(\xi, \rho) = e^{-\rho} f\left(\frac{\xi}{\rho}\right), \tag{48}$$

ou bien

$$\mathrm{f}(\xi, \rho) = e^{-\rho^2} f\left(\frac{\xi}{\rho}\right), \tag{49}$$

etc.....

Ainsi, par exemple, en adoptant la valeur de $f(\xi,\rho)$ donnée par la formule (49), on réduirait l'équation (45) à

$$\int_0^\pi\int_0^{2\pi}\int_0^\infty r^2 e^{-r^2} f\left(\frac{P}{Q}\right)\frac{\sin p\, dr\, dq\, dp}{Q^3} = \frac{2\pi}{\Omega}\int_0^\pi\int_0^\infty r^2 e^{-r^2} f(K\cos p)\sin p\, dr\, dp;$$

puis, en divisant les deux membres par la quantité

$$\int_0^\infty r^2 e^{-r^2} dr = \frac{1}{4}\pi^{\frac{1}{2}},$$

on retrouverait l'équation (47).

Si, dans les formules (8), (36) et (42), on suppose

$$(50) \qquad A = B = C = 1, \qquad D = E = F = 0,$$

on trouvera

$$Q = 1, \qquad \Omega = 1, \qquad K = (a^2 + b^2 + c^2)^{\frac{1}{2}},$$

et l'on tirera de l'équation (47), jointe à l'équation (7),

$$(51) \int_0^\pi\int_0^{2\pi} f(a\cos p + b\sin p\cos q + c\sin p\sin q)\, dq\, dp = 2\pi\int_0^\pi f[(a^2+b^2+c^2)^{\frac{1}{2}}\cos p]\sin p\, dp.$$

Cette dernière formule a été donnée pour la première fois par M. Poisson dans un Mémoire lu à l'Académie le 19 juillet 1819.

Si, dans les formules (7), (8), (36) et (42), on suppose

$$(52) \qquad b = c = 0, \qquad B = C, \qquad D = C, \qquad D = E = F = 0,$$

on trouvera

$$P = a\cos p, \qquad Q = (A\cos^2 p + B\sin^2 p)^{\frac{1}{2}},$$

$$\Omega = A^{\frac{1}{2}}B,$$

$$K = \left(\frac{a^2}{A} + \frac{b^2+c^2}{B}\right)^{\frac{1}{2}},$$

et par suite l'équation (47) donnera

$$(53)\int_0^{\pi} \mathrm{f}\left\{\frac{a\cos p}{(A\cos^2 p+B\sin^2 p)^{\frac{1}{2}}}\right\}\frac{\sin p\,dp}{(A\cos^2 p+B\sin^2 p)^{\frac{1}{2}}}=\frac{1}{A^{\frac{1}{2}}B}\int_0^{\pi}\mathrm{f}\left(\frac{a\cos p}{A^{\frac{1}{2}}}\right)\sin p\,dp,$$

puis on en conclura, en posant $\cos p = x$,

$$(54)\qquad \int_{-1}^{1}\mathrm{f}\left\{\frac{ax}{[(A-B)x^2+B]^{\frac{1}{2}}}\right\}\frac{dx}{[(A-B)x^2+B]^{\frac{1}{2}}}=\frac{1}{A^{\frac{1}{2}}B}\int_{-1}^{1}\mathrm{f}\left(\frac{ax}{A^{\frac{1}{2}}}\right)dx.$$

Nous reviendrons dans un autre article sur le parti qu'on peut tirer de ces diverses équations pour transformer les intégrales définies, et en particulier celles que l'on désigne sous le nom de fonctions elliptiques.

APPLICATION DES FORMULES

QUI REPRÉSENTENT LE MOUVEMENT D'UN SYSTÈME DE MOLÉCULES SOLLICITÉES PAR DES FORCES D'ATTRACTION OU DE RÉPULSION MUTUELLE

A LA THÉORIE DE LA LUMIÈRE.

Considérations générales.

J'ai donné le premier, dans le troisième et le quatrième volume des *Exercices*, les équations générales d'équilibre et de mouvement d'un système de molécules sollicitées par des forces d'attraction ou de répulsion mutuelle, en admettant que ces forces fussent représentées par des fonctions des distances entre les molécules; et j'ai prouvé que ces équations, qui renferment un grand nombre de coefficients dépendants de la nature du système, se réduisaient, dans le cas où l'élasticité redevenait la même en tous sens, à d'autres formules qui ne renferment qu'un seul coefficient, et qui avaient été primitivement obtenues par M. Navier. Si l'on désigne par m la molécule qui coïncide, au bout d'un temps quelconque t, avec le point (x, y, z), par ξ, η, ζ les déplacements de cette molécule mesurés parallèlement aux axes des x, y, z, que nous supposons rectangulaires; et si l'on fait abstraction des coefficients qui s'évanouissent, lorsque les masses m, m', m'',... des diverses molécules sont deux à deux égales entre elles, et distribuées symétriquement de part et d'autre du point (x, y, z) sur des droites menées par ce point; les équations du mouvement du système seront celles qui se trouvent inscrites, sous le n.° 11, à la page 131 du quatrième volume. Nous montrerons, dans un autre article, comment on peut trouver les intégrales générales des équations dont il s'agit, et en déduire les lois de la propagation du son dans les corps solides. Mais, pour établir la théorie de la lumière, nous n'aurons pas besoin de recourir aux intégrales générales, et il suffira de considérer, parmi les mouvements que peut prendre le système, ceux dans lesquels les déplacements restent les mêmes pour toutes les molécules situées dans un plan parallèle à un plan donné. Or, dans la recherche des phénomènes que doivent présenter les mouvements de cette espèce, on peut substituer aux équations ci-dessus mentionnées d'autres équations différentielles beaucoup plus simples. La formation de ces dernières sera l'objet du paragraphe suivant.

§ 1.er *Équations différentielles du mouvement d'un système dans lequel les molécules situées à la même distance d'un plan donné éprouvent les mêmes déplacements.*

Concevons que par l'origine O on mène un plan $OO'O''$ perpendiculaire au demi-axe OD qui forme avec les demi-axes des x, y et z positives les angles λ, μ et ν. L'équation de ce plan sera

(1) $$x\cos\lambda + y\cos\mu + z\cos\nu = 0.$$

De plus, si l'on considère un point (x, y, z) situé, non plus dans le plan $OO'O''$, mais en dehors, et si l'on nomme $\imath$ la distance du point (x, y, z) au plan $OO'O''$, cette distance étant prise avec le signe $+$ ou avec le signe $-$, suivant qu'elle se mesure à partir du plan dans le même sens que le demi-axe OD ou en sens inverse, on aura

(2) $$\imath = x\cos\lambda + y\cos\mu + z\cos\nu.$$

Si l'on pose, pour abréger,

(3) $$a = \cos\lambda, \qquad b = \cos\mu, \qquad c = \cos\nu,$$

on aura simplement

(4) $$\imath = ax + by + cz.$$

Cela posé, soient, au bout du temps t, m la molécule qui coïncide avec le point (x, y, z), et ξ, η, ζ ses déplacements mesurés parallèlement aux axes coordonnés. Si ces déplacements restent les mêmes pour toutes les molécules situées dans un plan parallèle à celui que représente l'équation (1), ξ pourra être regardé comme fonction des seules variables r, t; et, comme on tirera de l'équation (2)

$$\frac{d\imath}{dx} = a, \qquad \frac{d\imath}{dy} = b, \qquad \frac{d\imath}{dz} = c,$$

on trouvera

$$\frac{d\xi}{dx} = \frac{d\xi}{d\imath}\frac{d\imath}{dx} = a\frac{d\xi}{d\imath}, \quad \text{etc.....}$$

On aura donc

(5) $$\left\{\begin{array}{lll} \dfrac{d\xi}{dx} = a\dfrac{d\xi}{d\imath}, & \dfrac{d\xi}{dy} = b\dfrac{d\xi}{d\imath}, & \dfrac{d\xi}{dz} = c\dfrac{d\xi}{d\imath}, \\ \dfrac{d^2\xi}{dx^2} = a^2\dfrac{d^2\xi}{d\imath^2}, & \dfrac{d^2\xi}{dy^2} = b^2\dfrac{d^2\xi}{d\imath^2}, & \dfrac{d^2\xi}{dz^2} = c^2\dfrac{d^2\xi}{d\imath^2}, \\ \dfrac{d^2\xi}{dydz} = bc\dfrac{d^2\xi}{d\imath^2}, & \dfrac{d^2\xi}{dzdx} = ca\dfrac{d^2\xi}{d\imath^2}, & \dfrac{d^2\xi}{dxdy} = ab\dfrac{d^2\xi}{d\imath^2}, \\ \text{etc.....} & & \end{array}\right.$$

Les mêmes équations subsisteraient encore, si l'on y remplaçait ξ par η ou par ζ. Donc, si, dans les formules (11) de la page 131 du quatrième volume, on suppose les coefficients $\mathfrak{A}$, $\mathfrak{B}$, $\mathfrak{C}$, $\mathfrak{D}$, $\mathfrak{E}$, $\mathfrak{F}$, L, R, etc., constants, et les forces accélératrices X, Y, Z réduites à zéro, on en tirera

$$(6)\quad \left\{ \begin{aligned} \frac{d^2\xi}{dt^2} &= \mathcal{L}\frac{d^2\xi}{d\iota^2} + \mathcal{R}\frac{d^2\eta}{d\iota^2} + \mathcal{Q}\frac{d^2\zeta}{d\iota^2}, \\ \frac{d^2\eta}{dt^2} &= \mathcal{R}\frac{d^2\xi}{d\iota^2} + \mathcal{M}\frac{d^2\eta}{d\iota^2} + \mathcal{P}\frac{d^2\zeta}{d\iota^2}, \\ \frac{d^2\zeta}{dt^2} &= \mathcal{Q}\frac{d^2\xi}{d\iota^2} + \mathcal{P}\frac{d^2\eta}{d\iota^2} + \mathcal{N}\frac{d^2\zeta}{d\iota^2}, \end{aligned} \right.$$

les valeurs de $\mathcal{L}$, $\mathcal{M}$, $\mathcal{N}$, $\mathcal{P}$, $\mathcal{Q}$, $\mathcal{R}$ étant

$$(7)\quad \left\{ \begin{aligned} \mathcal{L} &= \mathfrak{A}a^2 + \mathfrak{B}b^2 + \mathfrak{C}c^2 + 2\mathfrak{D}bc + 2\mathfrak{E}ca + 2\mathfrak{F}ab \\ &\quad + La^2 + Rb^2 + Qc^2 + 2Ubc + 2Vca + 2Wab, \\ \mathcal{M} &= \mathfrak{A}a^2 + \mathfrak{B}b^2 + \mathfrak{C}c^2 + 2\mathfrak{D}bc + 2\mathfrak{E}ca + 2\mathfrak{F}ab \\ &\quad + Ra^2 + Mb^2 + Pc^2 + 2U'bc + 2V'ca + 2W'ab, \\ \mathcal{N} &= \mathfrak{A}a^2 + \mathfrak{B}b^2 + \mathfrak{C}c^2 + 2\mathfrak{D}bc + 2\mathfrak{E}ca + 2\mathfrak{F}ab \\ &\quad + Qa^2 + Pb^2 + Nc^2 + 2U''bc + 2V''ca + 2W''ab; \end{aligned} \right.$$

$$(8)\quad \left\{ \begin{aligned} \mathcal{P} &= Ua^2 + U'b^2 + U''c^2 + 2Pbc + 2W''ca + 2V'ab, \\ \mathcal{Q} &= Va^2 + V'b^2 + V''c^2 + 2W''bc + 2Qca + 2Uab, \\ \mathcal{R} &= Wa^2 + W'b^2 + W''c^2 + 2V'bc + 2Uca + 2Rab. \end{aligned} \right.$$

Soient maintenant OA une nouvelle droite menée par l'origine, $\mathcal{A}$, $\mathcal{B}$, $\mathcal{C}$ les cosinus des angles que forme cette droite, prolongée dans un certain sens OA, avec les demi-axes des coordonnées positives; et prenons

$$(9)\qquad \iota = \mathcal{A}\xi + \mathcal{B}\eta + \mathcal{C}\zeta.$$

On aura

$$(10)\qquad \mathcal{A}^2 + \mathcal{B}^2 + \mathcal{C}^2 = 1.$$

De plus le rapport

$$\frac{\mathcal{A}\xi+\mathcal{B}\eta+\mathcal{C}\zeta}{\sqrt{\xi^2+\eta^2+\zeta^2}}$$

représentera évidemment le cosinus de l'angle formé par la nouvelle droite avec la direction suivant laquelle se mesure le déplacement absolu de la molécule m. Par conséquent la valeur de 8, déterminée par la formule (9), représentera le déplacement de cette molécule mesuré parallèlement à la droite OA, et sera positive si ce déplacement se compte dans le même sens que la direction OA, mais négative dans le cas contraire. D'ailleurs, si l'on combine par voie d'addition les formules (6), après avoir multiplié les deux membres de la première par $\mathcal{A}$, de la seconde par $\mathcal{B}$, de la troisième par $\mathcal{C}$, et si l'on choisit $\mathcal{A}$, $\mathcal{B}$, $\mathcal{C}$ ou plutôt les rapports $\frac{\mathcal{B}}{\mathcal{A}}$, $\frac{\mathcal{C}}{\mathcal{A}}$ de manière que les trois fractions

$$(11)\qquad \frac{\mathcal{L}\mathcal{A}+\mathcal{R}\mathcal{B}+\mathcal{Q}\mathcal{C}}{\mathcal{A}},\quad \frac{\mathcal{R}\mathcal{A}+\mathcal{M}\mathcal{B}+\mathcal{P}\mathcal{C}}{\mathcal{B}},\quad \frac{\mathcal{Q}\mathcal{A}+\mathcal{P}\mathcal{B}+\mathcal{N}\mathcal{C}}{\mathcal{C}}$$

deviennent égales entre elles, on trouvera, en désignant par s^2 la valeur commune de ces trois rapports,

$$(12)\qquad \frac{d^2 8}{dt^2}=s^2\frac{d^2 8}{dr^2}.$$

Or il existe trois valeurs de s^2 propres à vérifier la formule

$$(13)\qquad \frac{\mathcal{L}\mathcal{A}+\mathcal{R}\mathcal{B}+\mathcal{Q}\mathcal{C}}{\mathcal{A}}=\frac{\mathcal{R}\mathcal{A}+\mathcal{M}\mathcal{B}+\mathcal{P}\mathcal{C}}{\mathcal{B}}=\frac{\mathcal{Q}\mathcal{A}+\mathcal{P}\mathcal{B}+\mathcal{N}\mathcal{C}}{\mathcal{C}}=s^2,$$

et par conséquent les équations

$$(14)\qquad \begin{cases} (\mathcal{L}-s^2)\mathcal{A}+\mathcal{R}\mathcal{B}+\mathcal{Q}\mathcal{C}=0,\\ \mathcal{R}\mathcal{A}+(\mathcal{M}-s^2)\mathcal{B}+\mathcal{P}\mathcal{C}=0,\\ \mathcal{Q}\mathcal{A}+\mathcal{P}\mathcal{B}+(\mathcal{N}-s^2)\mathcal{C}=0, \end{cases}$$

desquelles on tire

$$(15)\qquad (\mathcal{L}-s^2)(\mathcal{M}-s^2)(\mathcal{N}-s^2)-\mathcal{P}^2(\mathcal{L}-s^2)-\mathcal{Q}^2(\mathcal{M}-s^2)-\mathcal{R}^2(\mathcal{N}-s^2)+2\mathcal{P}\mathcal{Q}\mathcal{R}=0;$$

De plus à ces trois valeurs de s^2 correspondent trois systèmes de valeurs pour les rapports $\frac{\mathcal{B}}{\mathcal{A}}$, $\frac{\mathcal{C}}{\mathcal{A}}$, et par conséquent trois droites OA', OA'', OA''' avec lesquelles on peut faire coïncider successivement la droite OA. Enfin il résulte de la forme des équations (13) et (14) que ces trois droites se confondent avec les trois axes de la surface du second degré représentée par l'équation

$$(16) \qquad \mathcal{L}x^2 + \mathcal{M}y^2 + \mathcal{N}z^2 + 2\mathcal{P}yz + 2\mathcal{Q}zx + 2\mathcal{R}xy = 1 ;$$

et l'on peut ajouter que, dans le cas où cette surface est un ellipsoïde, les trois valeurs de $\frac{1}{s^2}$ sont précisément les carrés des trois demi-axes. Donc, à l'aide de la formule (12), on pourra déterminer, au bout du temps t, les trois déplacements de la molécule m mesurés parallèlement aux trois axes de l'ellipsoïde, et par suite, à trois droites perpendiculaires entre elles. Si l'on désigne ces trois déplacements par

$$(17) \qquad \mathfrak{s}', \quad \mathfrak{s}'', \quad \mathfrak{s}''',$$

et les valeurs correspondantes de s, $\mathcal{A}$, $\mathcal{B}$, $\mathcal{C}$ par

$$(18) \qquad s',\ \mathcal{A}',\ \mathcal{B}',\ \mathcal{C}'; \quad s'',\ \mathcal{A}'',\ \mathcal{B}'',\ \mathcal{C}''; \quad s''',\ \mathcal{A}''',\ \mathcal{B}''',\ \mathcal{C}''',$$

on pourra supposer que les quantités s', s'', s''' restent positives; et le déplacement $\mathfrak{s}'$, déterminé en fonction de τ et t par la formule

$$(19) \qquad \frac{d^2\mathfrak{s}'}{dt^2} = s'^2 \frac{d^2\mathfrak{s}'}{d\tau^2},$$

se mesurera dans une direction parallèle à celle de la droite OA' représentée par l'équation

$$(20) \qquad \frac{x}{\mathcal{A}'} = \frac{y}{\mathcal{B}'} = \frac{z}{\mathcal{C}'}.$$

De même le déplacement $\mathfrak{s}''$, déterminé par la formule

$$(21) \qquad \frac{d^2\mathfrak{s}''}{dt^2} = s''^2 \frac{d^2\mathfrak{s}''}{d\tau^2},$$

se mesurera dans une direction parallèle à celle de la droite OA'' représentée par l'équation

$$(22) \qquad \frac{x}{\mathcal{A}''} = \frac{y}{\mathcal{B}''} = \frac{z}{\mathcal{C}''},$$

et le déplacement s''', déterminé par la formule

$$\frac{d^2 s'''}{dt^2} = s'''^2 \frac{d^2 s'''}{d\iota^2}, \tag{23}$$

se mesurera dans une direction parallèle à celle de la droite OA''' représentée par l'équation

$$\frac{x}{\mathcal{A}'''} = \frac{y}{\mathcal{B}'''} = \frac{z}{\mathcal{C}'''}. \tag{24}$$

Lorsqu'à l'aide des formules (19), (21), (23), on aura calculé les valeurs de s', s'', s''', on en déduira facilement celles de ξ, η, ζ; et, pour y parvenir, il suffira de recourir aux équations

$$\left\{\begin{aligned} s' &= \mathcal{A}'\xi + \mathcal{B}'\eta + \mathcal{C}'\zeta, \\ s'' &= \mathcal{A}''\xi + \mathcal{B}''\eta + \mathcal{C}''\zeta, \\ s''' &= \mathcal{A}'''\xi + \mathcal{B}'''\eta + \mathcal{C}'''\zeta, \end{aligned}\right. \tag{25}$$

desquelles on tirera

$$\left\{\begin{aligned} \xi &= \mathcal{A}'s' + \mathcal{A}''s'' + \mathcal{A}'''s''', \\ \eta &= \mathcal{B}'s' + \mathcal{B}''s'' + \mathcal{B}'''s''', \\ \zeta &= \mathcal{C}'s' + \mathcal{C}''s'' + \mathcal{C}'''s''', \end{aligned}\right. \tag{26}$$

en ayant égard aux conditions

$$\left\{\begin{aligned} &\mathcal{A}'^2 + \mathcal{B}'^2 + \mathcal{C}'^2 = 1, \quad \mathcal{A}''^2 + \mathcal{B}''^2 + \mathcal{C}''^2 = 1, \quad \mathcal{A}'''^2 + \mathcal{B}'''^2 + \mathcal{C}'''^2 = 1, \\ &\mathcal{A}''\mathcal{A}''' + \mathcal{B}''\mathcal{B}''' + \mathcal{C}''\mathcal{C}''' = 0, \quad \mathcal{A}'''\mathcal{A}' + \mathcal{B}'''\mathcal{B}' + \mathcal{C}'''\mathcal{C}' = 0, \quad \mathcal{A}'\mathcal{A}'' + \mathcal{B}'\mathcal{B}'' + \mathcal{C}'\mathcal{C}'' = 0, \end{aligned}\right. \tag{27}$$

que vérifient nécessairement les cosinus $\mathcal{A}'$, $\mathcal{B}'$, $\mathcal{C}'$; $\mathcal{A}''$, $\mathcal{B}''$, $\mathcal{C}''$; $\mathcal{A}'''$, $\mathcal{B}'''$, $\mathcal{C}'''$ des angles formés avec les demi-axes des coordonnées positives par trois autres axes OA', OA'', OA''' qui se coupent à angles droits.

Observons encore que, si, au bout du temps t, l'on nomme ω la vitesse absolue de la molécule m qui coïncide avec le point (x, y, z), les projections algébriques de cette vitesse sur les axes coordonnés seront, en vertu de ce qui a été dit dans le troisième volume, page 166, respectivement égales à

$$\frac{d\xi}{dt}, \quad \frac{d\eta}{dt}, \quad \frac{d\zeta}{dt}, \tag{28}$$

en sorte qu'on aura

$$\omega^2 = \left(\frac{d\xi}{dt}\right)^2 + \left(\frac{d\eta}{dt}\right)^2 + \left(\frac{d\zeta}{dt}\right)^2. \tag{29}$$

Si, au lieu de projeter la vitesse ω sur les axes des x, y, z, on la projète sur les droites OA', OA'', OA''', on trouvera pour projections algébriques, non plus les quantités (28), mais les suivantes

$$\frac{ds'}{dt}, \quad \frac{ds''}{dt}, \quad \frac{ds'''}{dt}, \tag{30}$$

et par conséquent on aura encore

$$\omega^2 = \left(\frac{ds'}{dt}\right) + \left(\frac{ds''}{dt}\right)^2 + \left(\frac{ds'''}{dt}\right)^2. \tag{31}$$

Il suit de ce qui a été dit dans le troisième volume [pages 213 et suiv.] qu'en divisant les coefficients

$$\mathfrak{A}, \ \mathfrak{F}, \ \mathfrak{E}; \quad \mathfrak{F}, \ \mathfrak{B}, \ \mathfrak{D}; \quad \mathfrak{E}, \ \mathfrak{D}, \ \mathfrak{C} \tag{32}$$

par la densité naturelle du système de molécules que l'on considère, on obtient pour quotients les projections algébriques des pressions ou tensions supportées dans l'état naturel, et du côté des coordonnées positives, par trois plans perpendiculaires aux axes des x, y, z. Si ces pressions ou tensions s'évanouissent, on pourra en dire autant des coefficients (32), et les formules (7) se réduiront à

$$\left\{\begin{aligned} \mathcal{L} &= La^2 + Rb^2 + Qc^2 + 2Ubc + 2Vca + 2Wab, \\ \mathcal{M} &= Ra^2 + Mb^2 + Pc^2 + 2U'bc + 2V'ca + 2W'ab, \\ \mathcal{N} &= Qa^2 + Pb^2 + Nc^2 + 2U''bc + 2V''ca + 2W''ab, \end{aligned}\right. \tag{33}$$

les valeurs de $\mathfrak{P}$, $\mathfrak{Q}$, $\mathfrak{R}$ étant toujours

$$\left\{\begin{aligned} \mathfrak{P} &= Ua^2 + U'b^2 + U''c^2 + 2Pbc + 2W''ca + 2V'ab, \\ \mathfrak{Q} &= Va^2 + V'b^2 + V''c^2 + 2W''bc + 2Qca + 2Uab, \\ \mathfrak{R} &= Wa^2 + W'b^2 + W''c^2 + 2V'bc + 2Uca + 2Rab. \end{aligned}\right. \tag{8}$$

Dans le cas où le système des molécules proposé offre trois axes d'élasticité rectangulaires entre eux et respectivement parallèles aux axes des x, y, z, les coefficients

(34) $\mathfrak{D}, \mathfrak{E}, \mathfrak{F};\quad U, V, W;\quad U', V', W';\quad U'', V'', W''$

s'évanouissent; et, en écrivant G, H, I au lieu de $\mathfrak{A}, \mathfrak{B}, \mathfrak{C}$, on réduit les formules (11) de la page 131 du quatrième volume des *Exercices* aux formules (18) de la page 208 du troisième volume. Alors aussi les équations (7), (8) donnent simplement

$$(35)\quad \left\{\begin{aligned} \mathcal{L} &= (L+G)a^2 + (R+H)b^2 + (Q+I)c^2,\\ \mathcal{M} &= (R+G)a^2 + (M+H)b^2 + (P+I)c^2,\\ \mathcal{N} &= (Q+G)a^2 + (P+H)b^2 + (N+I)c^2,\end{aligned}\right.$$

$$(36)\quad \mathcal{P} = 2Pbc,\qquad \mathcal{Q} = 2Qca,\qquad \mathcal{R} = 2Rab.$$

Si de plus les pressions relatives à l'état naturel s'évanouissent, on aura

$$(37)\quad G = H = I = 0,$$

et les valeurs de $\mathcal{L}$, $\mathcal{M}$, $\mathcal{N}$ se réduiront à

$$(38)\quad \mathcal{L} = La^2 + Rb^2 + Qc^2,\quad \mathcal{M} = Ra^2 + Mb^2 + Pc^2,\quad \mathcal{N} = Qa^2 + Pb^2 + Nc^2.$$

Lorsque le système proposé offre la même élasticité en tous sens autour d'un axe quelconque parallèle à l'axe des z, les coefficients G, H, P, Q, R, L, M vérifient les conditions (107) de la page 317 du quatrième volume, savoir

$$(39)\quad G = H,\qquad P = Q,\qquad L = M = 3R,$$

et les formules (35), (36) deviennent

$$(40)\quad \left\{\begin{aligned} \mathcal{L} &= (3R+H)a^2 + (R+H)b^2 + (Q+I)c^2,\\ \mathcal{M} &= (R+H)a^2 + (3R+H)b^2 + (Q+I)c^2,\\ \mathcal{N} &= (Q+H)(a^2+b^2) + (N+I)c^2,\end{aligned}\right.$$

$$(41)\quad \mathcal{P} = 2Qbc,\qquad \mathcal{Q} = 2Qca,\qquad \mathcal{R} = 2Rab,$$

Si de plus on suppose nulles les pressions relatives à l'état naturel, les formules (40) se réduiront à

(42) $\mathcal{L} = 3Ra^2 + Rb^2 + Qc^2$, $\mathcal{M} = Ra^2 + 3Rb^2 + Qc^2$, $\mathcal{N} = Q(a^2 + b^2) + Nc^2$.

Enfin, si le système proposé offre la même élasticité en tous sens autour d'un point quelconque, on trouvera

(43) $$G = H = I, \qquad P = Q = R, \qquad L = M = N = 3R,$$

et, en ayant égard à l'équation

(44) $$a^2 + b^2 + c^2 = 1,$$

on tirera des formules (35), (36)

(45) $$\mathcal{L} = 2Ra^2 + R + I, \qquad \mathcal{M} = 2Rb^2 + R + I, \qquad \mathcal{N} = 2Rc^2 + R + I,$$

(46) $$\mathfrak{P} = 2Rbc, \qquad \mathfrak{Q} = 2Rca, \qquad \mathfrak{R} = 2Rab;$$

puis, en supposant les pressions nulles dans l'état naturel, on réduira les équations (45) à

(47) $$\mathcal{L} = 2Ra^2 + R, \qquad \mathcal{M} = 2Rb^2 + R, \qquad \mathcal{N} = 2Rc^2 + R.$$

Lorsqu'on adopte les valeurs de $\mathcal{L}$, $\mathcal{M}$, $\mathcal{N}$ fournies par les équations (45), (46), la formule (15) se réduit à

(48) $$(R + I - s^2)^2(3R + I - s^2) = 0;$$

et par conséquent des trois valeurs de s généralement représentées par s', s'', s''' deux deviennent égales entre elles, en sorte qu'on peut prendre

(49) $$s'^2 = s''^2 = R + I, \qquad s'''^2 = 3R + I.$$

Nous avons précédemment supposé, et nous supposerons généralement dans ce qui va suivre que la surface représentée par l'équation (16) est un ellipsoïde. Or on peut s'assurer qu'il en sera effectivement ainsi, toutes les fois que, les valeurs de $\mathcal{L}$, $\mathcal{M}$, $\mathcal{N}$ étant déterminées pour les formules (35), (36), les coefficients G, H, I seront positifs ou nuls, et les coefficients L, M, N, P, Q, R positifs. Alors en effet, l'équation (16) pouvant être présentée sous la forme

(50) $$\left\{\begin{array}{l} (Ga^2 + Hb^2 + Ic^2)(x^2 + y^2 + z^2) \\ + La^2x^2 + Mb^2y^2 + Nc^2z^2 + P(bz + cy)^2 + Q(cx + az)^2 + R(ay + bx)^2 = 1, \end{array}\right.$$

le polynome, que renferme le premier membre, restera évidemment positif pour des valeurs quelconques de x, y, z, et ne deviendra jamais nul, d'où il est aisé de conclure que la surface représentée par l'équation (16) n'offrira pas de rayon vecteur infini, et sera un ellipsoïde. Il y a plus; on peut, dans tous les cas, présenter sous une forme très-simple les conditions qui doivent être remplies pour que la surface (16) soit un ellipsoïde. En effet, si l'on nomme r le rayon vecteur mené, dans l'état naturel du corps, de la molécule $\mathfrak{m}$ à une molécule voisine m, α, β, γ les angles formés par ce rayon vecteur avec les demi-axes des coordonnées positives, et $\mathfrak{m}mf(r)$ l'attraction ou la répulsion mutuelle des deux masses $\mathfrak{m}$ et m, on tirera des formules (7) et (8), réunies aux équations (3), (4), (5), (6), (7) de la page 130 du quatrième volume,

$$(51)\quad \left\{\begin{aligned} \mathcal{L} &= \mathrm{S}\left\{\frac{mr}{2}(a\cos\alpha + b\cos\beta + c\cos\gamma)^2[\cos^2\alpha f(r) \pm f(r)]\right\}, \\ \mathcal{M} &= \mathrm{S}\left\{\frac{mr}{2}(a\cos\alpha + b\cos\beta + c\cos\gamma)^2[\cos^2\beta f(r) \pm f(r)]\right\}, \\ \mathcal{N} &= \mathrm{S}\left\{\frac{mr}{2}(a\cos\alpha + b\cos\beta + c\cos\gamma)^2[\cos^2\gamma f(r) \pm f(r)]\right\}, \end{aligned}\right.$$

et

$$(52)\quad \left\{\begin{aligned} \mathcal{P} &= \mathrm{S}\left\{\frac{mr}{2}(a\cos\alpha + b\cos\beta + c\cos\gamma)^2\cos\beta\cos\gamma f(r)\right\}, \\ \mathcal{Q} &= \mathrm{S}\left\{\frac{mr}{2}(a\cos\alpha + b\cos\beta + c\cos\gamma)^2\cos\gamma\cos\alpha f(r)\right\}, \\ \mathcal{R} &= \mathrm{S}\left\{\frac{mr}{2}(a\cos\alpha + b\cos\beta + c\cos\gamma)^2\cos\alpha\cos\beta f(r)\right\}, \end{aligned}\right.$$

le signe S indiquant une somme de termes semblables, mais relatifs aux diverses molécules m, m', ..., le double signe $\pm$ devant être réduit au signe $+$ ou au signe $-$, suivant que la masse $\mathfrak{m}$ sera attirée ou repoussée par la molécule m, et la fonction $f(r)$ étant déterminée en fonction de r par la formule

$$(53)\qquad f(r) = \pm[rf'(r) - f(r)].$$

Cela posé, l'équation (16) deviendra

$$(54)\quad \mathrm{S}\left\{\frac{mr}{2}(a\cos\alpha+b\cos\beta+c\cos\gamma)^2[(\mathrm{x}\cos\alpha+\mathrm{y}\cos\beta+\mathrm{z}\cos\gamma)^2 f(r) \pm (\mathrm{x}^2+\mathrm{y}^2+\mathrm{z}^2)f(r)]\right\} = 1.$$

Si maintenant on nomme δ et τ les angles que forme le rayon vecteur r, 1° avec la perpendiculaire au plan représenté par l'équation (1), 2.° avec le rayon vecteur $\sqrt{\mathrm{x}^2+\mathrm{y}^2+\mathrm{z}^2}$ mené de l'origine au point (x, y, z), on trouvera

$$\cos\delta = a\cos\alpha + b\cos\beta + c\cos\gamma, \tag{55}$$

$$\cos\tau = \frac{x\cos\alpha + y\cos\beta + z\cos\gamma}{\sqrt{x^2+y^2+z^2}}, \tag{56}$$

puis, en posant, pour abréger,

$$r = \sqrt{x^2+y^2+z^2}, \tag{57}$$

on tirera de la formule (56)

$$x\cos\alpha + y\cos\beta + z\cos\gamma = r\cos\tau. \tag{58}$$

Par suite la formule (16) ou (54) donnera

$$r^2 S\left\{\frac{mr}{2}\cos^2\delta[\cos^2\tau f(r) \pm f(r)]\right\} = 1, \tag{59}$$

ou, ce qui revient au même,

$$r^2 = \frac{1}{S\left\{\frac{mr}{2}\cos^2\delta[\cos^2\tau f(r) \pm f(r)]\right\}}. \tag{60}$$

Or la surface représentée par la formule (16) sera un ellipsoïde, si le rayon vecteur r mené de l'origine à un point quelconque (x, y, z) de cette même surface conserve constamment une valeur réelle et finie, c'est-à-dire, en d'autres termes, si l'on a pour toutes les directions possibles de ce rayon vecteur

$$S\left\{\frac{mr}{2}\cos^2\delta[\cos^2\tau f(r) \pm f(r)]\right\} > 0. \tag{61}$$

Si l'on suppose que les pressions s'évanouissent dans l'état naturel, le polynome

$$\mathfrak{A}a^2 + \mathfrak{B}b^2 + \mathfrak{C}c^2 + 2\mathfrak{D}bc + 2\mathfrak{E}ca + 2\mathfrak{F}ab = S\left\{\pm\frac{mr}{2}\cos^2\delta f(r)\right\} \tag{62}$$

s'évanouira en même temps que les coefficients $\mathfrak{A}$, $\mathfrak{B}$, $\mathfrak{C}$, $\mathfrak{D}$, $\mathfrak{E}$, $\mathfrak{F}$, et par conséquent la condition (61) se trouvera réduite à

$$S\left\{\frac{mr}{2}\cos^2\delta\cos^2\tau f(r)\right\} > 0. \tag{63}$$

---

§ 2. *Propagation des ondes planes dans un système de molécules sollicitées par des forces d'attraction ou de répulsion mutuelle. Surface des ondes.*

Concevons que les valeurs initiales des déplacements et des vitesses de la molécule m mesurés parallèlement aux axes, c'est-à-dire, les valeurs initiales des quantités

$$\xi, \quad \eta, \quad \zeta, \quad \frac{d\xi}{dt}, \quad \frac{d\eta}{dt}, \quad \frac{d\zeta}{dt}$$

soient connues et représentées par certaines fonctions de r. On en déduira sans peine les valeurs initiales des quantités

$$\mathfrak{s}', \quad \mathfrak{s}'', \quad \mathfrak{s}''', \quad \frac{d\mathfrak{s}'}{dt}, \quad \frac{d\mathfrak{s}''}{dt}, \quad \frac{d\mathfrak{s}'''}{dt};$$

et dès lors on pourra facilement déterminer les fonctions arbitraires introduites par l'intégration des équations aux différences partielles (19), (21), (23), du § 1.er Or ces trois équations sont toutes renfermées dans la formule (12) [§ 1.er], de laquelle on les tire en attribuant successivement à $\mathfrak{s}$ les trois valeurs particulières s', s'', s'''. D'ailleurs, si l'on désigne par $f_0(r)$, $f_1(r)$ les valeurs initiales de $\mathfrak{s}$ et de $\frac{d\mathfrak{s}}{dt}$, la valeur générale de $\mathfrak{s}$, donnée par la formule (12) [§ 1.er], sera

$$\mathfrak{s} = \frac{f_0(r-st)+f_0(r+st)}{2} + \int_0^t \frac{f_1(r-st)+f_1(r+st)}{2}\,dt, \tag{1}$$

Cela posé, concevons qu'au premier instant $\mathfrak{s}$ et $\frac{d\mathfrak{s}}{dt}$ n'aient de valeurs sensibles que dans le voisinage du plan représenté par l'équation (1) du § 1.er, ou

$$r = 0, \tag{2}$$

et que $f_0(r)$, $f_1(r)$ s'évanouissent, par exemple, pour toutes les valeurs de r situées hors des limites

$$r = -i, \qquad r = i, \tag{3}$$

i désignant une longueur très-petite. Il est clair qu'au bout du temps t, les fonctions

$$f_0(r-st), \qquad f_1(r-st)$$

s'évanouiront pour toutes les valeurs de ι situées hors des limites

$$\iota = st - i, \qquad \iota = st + i, \tag{4}$$

c'est-à-dire, pour tous les points situés hors de la couche très-mince dont l'épaisseur $2i$ sera divisée en parties égales par le plan que représentera l'équation

$$\iota = st, \tag{5}$$

ou

$$ax + by + cz = st; \tag{6}$$

et les fonctions

$$f_0(\iota + st), \qquad f_1(\iota + st)$$

pour toutes les valeurs de ι situées hors des limites

$$\iota = -st - i, \qquad \iota = -st + i, \tag{7}$$

c'est-à-dire, pour toutes les valeurs de ι situées hors de la couche très-mince dont l'épaisseur $2i$ sera divisée en deux parties égales par le plan que représentera l'équation

$$\iota = -st, \tag{8}$$

ou

$$ax + by + cz = -st. \tag{9}$$

Donc le déplacement $\mathfrak{s}$ et la vitesse $\frac{d\mathfrak{s}}{dt}$, mesurés parallèlement à la droite OA, s'évanouiront constamment hors des deux couches ci-dessus mentionnées; et, comme, au bout du temps t, il existera deux couches de cette espèce pour chacune des trois valeurs de $\mathfrak{s}$ désignées par $\mathfrak{s}'$, $\mathfrak{s}''$, $\mathfrak{s}'''$, nous devons en conclure que le mouvement, qui n'était d'abord sensible que dans le voisinage du plan $OO'O''$ représenté par l'équation (1), se propagera dans l'espace de manière à produire six ondes planes indéfinies qui offriront toutes la même épaisseur $2i$, et resteront comprises entre des plans parallèles à $OO'O''$. Ces ondes, considérées deux à deux, auront des vitesses de propagation égales, mais dirigées en sens contraires, savoir, dans le sens des ι positives et dans le sens des ι négatives. De plus, ces vitesses, mesurées suivant une droite perpendiculaire au plan $OO'O''$, pour trois ondes qui se mouvront dans un même sens, seront constantes en vertu de la formule (5) ou (8), et respectivement égales aux trois valeurs de s que détermine la formule (15) du § 1.er, c'est-à-dire, aux quantités s', s'', s'''. Les points situés hors des ondes planes dont il s'agit seront en repos, puisque les valeurs de

$$\mathfrak{s}', \quad \mathfrak{s}'', \quad \mathfrak{s}''', \quad \frac{d\mathfrak{s}'}{dt}, \quad \frac{d\mathfrak{s}''}{dt}, \quad \frac{d\mathfrak{s}'''}{dt},$$

correspondantes à ces mêmes points, s'évanouiront. Mais, pour les points renfermés dans l'épaisseur d'une onde plane, l'un des trois déplacements ε', ε'', ε''' et l'une des trois vitesses $\frac{d\varepsilon'}{dt}$, $\frac{d\varepsilon''}{dt}$, $\frac{d\varepsilon'''}{dt}$ cesseront de s'évanouir. Ainsi, en particulier, dans l'onde plane qui se propage avec la vitesse s', le déplacement ε' mesuré parallèlement à la droite OA' acquerra une valeur différente de zéro, ainsi que la vitesse $\frac{d\varepsilon'}{dt}$; et, comme les déplacements ou les vitesses mesurés parallèlement aux droites OA'', OA''' continueront de s'évanouir, on peut affirmer que, dans l'intérieur de la même onde, le déplacement absolu et la vitesse absolue d'une molécule m seront dirigés suivant une droite parallèle à l'axe OA', et représentés par les valeurs numériques des quantités ε', $\frac{d\varepsilon'}{dt}$. Pareillement, dans l'onde plane qui se propage avec la vitesse s'' ou s''', le déplacement absolu et la vitesse absolue d'une molécule seront dirigés suivant une droite parallèle à l'axe OA'' ou OA''', et représentés par les valeurs numériques de ε'', $\frac{d\varepsilon''}{dt}$ ou de ε''', $\frac{d\varepsilon'''}{dt}$.

En résumant ce qui précède, on obtient la proposition suivante.

Théorème 1.er *Si, dans un corps homogène, les déplacements et les vitesses des molécules sont nulles au premier instant, pour tous les points situés hors d'une couche plane très-mince dont l'épaisseur* $2i$ *est divisée en deux parties égales par un certain plan* $OO'O''$, *et restent les mêmes pour tous les points de la couche qui se trouvent situés à la même distance de ce plan, la propagation du mouvement, de chaque côté du plan* $OO'O''$, *donnera généralement naissance à trois ondes renfermées entre des plans parallèles. Chacune de ces ondes offrira une épaisseur égale à* $2i$. *De plus, les vitesses de propagation des trois ondes, mesurées suivant une perpendiculaire au plan* $OO'O''$, *seront constantes et respectivement égales aux quotients qu'on obtient en divisant l'unité par les demi-axes de l'ellipsoïde que représente la formule* (16) *du* § 1.er *Enfin les déplacements absolus ainsi que les vitesses absolues des molécules dans les trois ondes se mesureront suivant trois directions respectivement parallèles aux trois axes de l'ellipsoïde.*

Le théorème 1.er suppose que la surface représentée par l'équation (16) du § 1.er est un ellipsoïde. Si la même équation devenait propre à représenter un système de deux hyperboloïdes conjugués, ou si elle ne pouvait plus être vérifiée par des valeurs réelles de x, y, z, quelques-unes des trois vitesses de propagation s', s'', s''', ou même ces trois vitesses à la fois deviendraient imaginaires; et, dans le dernier cas, la propagation des ondes planes deviendrait impossible.

Si deux ou trois axes de l'ellipsoïde ci-dessus mentionné devenaient égaux, les ondes planes qui se propageraient dans le même sens, avec des vitesses réciproquement proportionnelles à ces axes, coïncideraient, et la vitesse absolue de chaque molécule renfermée dans une onde plane serait, au bout d'un temps quelconque, parallèle aux droites suivant lesquelles les vitesses initiales se projetaient sur le plan mené par les deux axes égaux de l'ellipsoïde, ou même, si l'ellipsoïde se changeait en une sphère, aux directions de ces vitesses initiales.

Concevons maintenant qu'au premier instant plusieurs ondes planes, peu inclinées les unes sur les autres, et sur un certain plan $OO'O''$, se rencontrent et se superposent en un certain point O. Le temps venant à croître, chacune de ces ondes se propagera dans l'espace, en donnant naissance, de chaque côté du plan qui divisait primitivement l'épaisseur de l'onde en parties égales, à trois ondes semblables renfermées entre des plans parallèles, mais douées de vitesses de propagation différentes. Par conséquent, le système d'ondes planes que l'on considérait au premier instant se subdivisera en trois autres systèmes, et le point de rencontre des ondes qui feront partie d'un même système se déplacera suivant une certaine droite, avec une vitesse de propagation distincte de celle des ondes planes. Soient x, y, z les coordonnées de ce point de rencontre, et faisons, pour abréger,

$$\text{(10)} \qquad \mathrm{F}(a,b,c,s) =$$
$$(\mathcal{L}-s^2)(\mathcal{M}-s^2)(\mathcal{N}-s^2)-\mathcal{P}^2(\mathcal{L}-s^2)-\mathcal{Q}^2(\mathcal{M}-s^2)-\mathcal{R}^2(\mathcal{N}-s^2)+2\mathcal{P}\mathcal{Q}\mathcal{R}.$$

Pour calculer, au bout du temps t, les valeurs de x, y, z, on devra, dans l'équation (6) ou (9), considérer s comme une fonction de a, b, c déterminée par la formule (15) du § 1.er, ou, ce qui revient au même, par la suivante

$$\text{(11)} \qquad \mathrm{F}(a,b,c,s) = 0,$$

et joindre à l'équation (6) ou (9) celles qu'on en déduit en attribuant aux trois paramètres a, b, c, ou seulement à l'un d'entre eux, des accroissements infiniment petits*. Donc

* Dans les formules (6) ou (9) et (11), les trois paramètres a, b, c, étant les cosinus des angles compris entre une certaine droite et les demi-axes des coordonnées positives, sont liés entre eux par l'équation

$$a^2+b^2+c^2=1.$$

Mais on doit observer que le plan représenté par l'équation (6) ou (9) ne se déplacera point si les valeurs a, b, c, s varient dans un même rapport, et qu'alors ces valeurs continueront de satisfaire à la formule (11), en cessant de vérifier la condition

$$a^2+b^2+c^2=1.$$

Il en résulte qu'en prenant pour s une fonction de a, b, c déterminée par la formule (11), on peut, dans l'équation (6) ou (9), supposer les trois paramètres a, b, c indépendants l'un de l'autre. Dans cette hypothèse on établit facilement les formules (12) ou (13); et, comme $\frac{ds}{da}$, $\frac{ds}{db}$, $\frac{ds}{dc}$ sont des fonctions homogènes de a, b, c d'un degré nul, il est clair que ces formules déterminent les rapports $\frac{x}{t}$, $\frac{y}{t}$, $\frac{z}{t}$ en fonctions des rapports $\frac{b}{a}$, $\frac{c}{a}$, quelle que soit la valeur du trinome $a^2+b^2+c^2$, par conséquent, dans le cas où ce trinome même se réduit à l'unité.

les coordonnées x, y, z du point de rencontre des ondes planes qui feront partie d'un même système, seront déterminées par l'équation (6) jointe aux formules

$$(12) \qquad x = t\frac{ds}{da}, \qquad y = t\frac{ds}{db}, \qquad z = t\frac{ds}{dc},$$

ou par l'équation (9) jointe aux formules

$$(13) \qquad x = -t\frac{ds}{da}, \qquad y = -t\frac{ds}{db}, \qquad z = -t\frac{ds}{dc},$$

suivant que les ondes dont il s'agit se propageront d'un côté ou d'un autre par rapport au plan $OO'O''$. De plus, comme, au bout du temps t, les formules (12) ou (13) suffiront pour fixer les valeurs de x, y, z, il est clair que ces formules devront entraîner l'équation (6) ou (9). Or c'est ce dont il est facile de s'assurer directement. En effet, si, dans la formule (10), on substitue les valeurs de $\mathcal{L}$, $\mathcal{M}$, $\mathcal{N}$, $\mathcal{P}$, $\mathcal{Q}$, $\mathcal{R}$ données par les équations (7), (8) du § 1.er, on obtiendra pour $F(a, b, c, s)$ une fonction homogène de a, b, c, s. Donc la formule (11) donnera pour s une fonction homogène de a, b, c, du premier degré, en sorte qu'on aura identiquement

$$(14) \qquad a\frac{ds}{da} + b\frac{ds}{db} + c\frac{ds}{dc} = s.$$

D'ailleurs, en ayant égard à l'équation (14), et combinant entre elles, par voie d'addition, les formules (12) et (13) respectivement multipliées par a, b, c, on reproduit évidemment l'équation (6) ou (9).

Il est important d'observer que, s étant une fonction homogène du premier degré en a, b, c, les dérivées $\frac{ds}{da}$, $\frac{ds}{db}$, $\frac{ds}{dc}$ seront des fonctions homogènes d'un degré nul, ou, en d'autres termes, que ces dérivées dépendront uniquement des rapports $\frac{b}{a}$, $\frac{c}{a}$. Cela posé, concevons qu'entre les formules (12) ou (13) on élimine les rapports dont il s'agit. L'équation produite par cette élimination sera de la forme

$$(15) \qquad \Pi\left(\frac{x}{t}, \frac{y}{t}, \frac{z}{t}\right) = 0,$$

et représentera une certaine surface courbe, qui sera touchée, au bout du temps t, par les plans tracés de manière à diviser en parties égales les épaisseurs très-petites des ondes ci-dessus mentionnées. Cette surface courbe sera donc l'enveloppe de l'espace traversé par les plans dont il s'agit. Nous la nommerons, pour abréger, ***surface des ondes.***

Si, au bout du temps t, l'on désigne par a', b', c' les cosinus des angles que forme le rayon vecteur mené de l'origine à la surface des ondes, avec les demi-axes des coordonnées positives, et par $\mathfrak{r}'$ ce même rayon vecteur, les valeurs de x, y, z correspondantes à l'extrémité du rayon $\mathfrak{r}'$ seront déterminées par la formule

$$(16) \qquad x = a'\mathfrak{r}', \qquad y = b'\mathfrak{r}', \qquad z = c'\mathfrak{r}'.$$

Par suite l'équation (15) donnera

$$(17) \qquad \Pi\left(a'\frac{\mathfrak{r}'}{t},\ b'\frac{\mathfrak{r}'}{t},\ c'\frac{\mathfrak{r}'}{t}\right) = 0;$$

et l'on en déduira, pour $\mathfrak{r}'$, une valeur générale de la forme

$$(18) \qquad \mathfrak{r}' = t\varpi(a', b', c').$$

Donc, le temps venant à croître, le rayon vecteur $\mathfrak{r}'$ croîtra proportionnellement au temps, ou, en d'autres termes, la vitesse avec laquelle l'extrémité du rayon $\mathfrak{r}'$ se déplacera dans l'espace sera une vitesse constante pour une direction donnée de ce rayon, et la surface des ondes acquerra des dimensions de plus en plus grandes, sans cesser d'être semblable à elle-même.

Il existe des relations dignes de remarque entre la surface des ondes et celle dont les coordonnées x, y, z vérifient l'équation

$$(19) \qquad \mathrm{F}(\mathrm{x}, \mathrm{y}, \mathrm{z}, t) = 0.$$

En effet, désignons par $\mathfrak{r}$ le rayon vecteur mené de l'origine à cette dernière surface de manière à former, avec les demi-axes des coordonnées positives, les angles λ, μ, ν, dont les cosinus sont a, b, c. Les coordonnées x, y, z de l'extrémité du rayon $\mathfrak{r}$ étant liées à ce rayon par les formules

$$(20) \qquad \mathrm{x} = a\mathfrak{r}, \qquad \mathrm{y} = b\mathfrak{r}, \qquad \mathrm{z} = c\mathfrak{r},$$

l'équation (19) donnera

$$(21) \qquad \mathrm{F}(a\mathfrak{r}, b\mathfrak{r}, c\mathfrak{r}, t) = 0,$$

ou, ce qui revient au même, attendu que $\mathrm{F}(\mathrm{x}, \mathrm{y}, \mathrm{z}, t)$ est une fonction homogène de x, y, z, t,

$$F\left(a, b, c, \frac{t}{\mathrm{r}}\right) = 0. \tag{22}$$

Or les diverses valeurs de $\frac{t}{\mathrm{r}}$ déduites de l'équation (22) coïncideront évidemment avec les diverses valeurs de s déduites de la formule (11). D'autre part, si, dans l'équation (6) ou (9), qui représente le plan tangent à la surface des ondes, on pose

$$s = \frac{t}{\mathrm{r}}, \tag{23}$$

on trouvera

$$ax + by + cz = \pm \frac{t^2}{\mathrm{r}}. \tag{24}$$

Enfin il est clair que la formule (22) représentera un plan mené perpendiculairement au rayon vecteur r par un point situé sur ce rayon vecteur à la distance $\frac{t^2}{\mathrm{r}}$ de l'origine des coordonnées. On peut donc énoncer la proposition suivante.

2.e Théorème. *Construisez la surface représentée par l'équation (19), et, après avoir mené de l'origine à cette surface un rayon vecteur* r, *portez sur ce rayon vecteur, à partir de l'origine, une longueur égale au rapport qui existe entre le carré du temps et ce même rayon. Menez enfin par l'extrémité de cette longueur un plan perpendiculaire à sa direction. Ce plan sera le plan tangent à la surface des ondes. Par conséquent cette dernière surface sera l'enveloppe de l'espace que traverseront les divers plans qu'on peut construire en opérant comme on vient de le dire.*

Nous observerons encore qu'en vertu des formules (16) et (20) l'équation (24) peut être réduite à

$$\mathrm{r}\mathrm{r}'(aa' + bb' + cc') = \pm t^2, \tag{25}$$

ou bien à

$$x\mathrm{x} + y\mathrm{y} + z\mathrm{z} = \pm t^2. \tag{26}$$

D'ailleurs, si l'on nomme τ l'angle compris entre les rayons vecteurs menés de l'origine à deux points correspondants (x, y, z), $(\mathrm{x}, \mathrm{y}, \mathrm{z})$ des deux surfaces représentées par les équations (15) et (19), on aura

$$\cos\tau = aa' + bb' + cc'. \tag{27}$$

Donc l'équation (25) donnera

$$\mathrm{r}\mathrm{r}'\cos\tau = \pm t^2. \tag{28}$$

Or il résulte évidemment de la formule (28) qu'en multipliant les rayons vecteurs r et r' par le cosinus de l'angle aigu compris entre eux, ou, ce qui revient au même, le premier de ces rayons vecteurs par la projection du second sur le premier, on obtiendra toujours un produit égal au carré du temps.

La fonction $F(a, b, c, s)$, déterminée par l'équation (10), est du sixième degré par rapport à s, et du troisième degré par rapport à s^2. Donc, la formule (11) fournira généralement trois valeurs de s^2, auxquelles répondront trois nappes différentes de la surface des ondes. Soit

$$s^2 = \mathcal{F}(a, b, c) \tag{29}$$

l'une de ces valeurs. L'équation (19) donnera, pour t^2, une valeur correspondante, savoir,

$$t^2 = \mathcal{F}(x, y, z), \tag{30}$$

et $\mathcal{F}(x, y, z)$ sera une fonction homogène du second degré. De plus celle des trois nappes de la surface des ondes à laquelle se rapportera la valeur $\mathcal{F}(a, b, c)$ de s^2, sera l'enveloppe de l'espace que traverse le plan mobile dont les coordonnées x, y, z satisfont à l'équation (26) quand on considère x, y, z comme des paramètres variables assujétis à vérifier la condition (30). Cela posé, faisons, pour abréger,

$$\Phi(x, y, z) = \frac{1}{2}\frac{d\mathcal{F}(x, y, z)}{dx}, \quad X(x, y, z) = \frac{1}{2}\frac{d\mathcal{F}(x, y, z)}{dy}, \quad \Psi(x, y, z) = \frac{1}{2}\frac{d\mathcal{F}(x, y, z)}{dz}. \tag{31}$$

Puisqu'en différenciant, par rapport aux paramètres x, y, z, les formules (26), (30), on obtiendra les suivantes

$$x\,dx + y\,dy + z\,dz = 0, \tag{32}$$

$$\Phi(x, y, z)\,dx + X(x, y, z)\,dy + \Psi(x, y, z)\,dz = 0, \tag{33}$$

et qu'en égalant à zéro, dans l'équation (33), les coefficients des différentielles dx, dy, après avoir éliminé dz à l'aide de la formule (32), on trouvera

$$\frac{\Phi(x, y, z)}{x} = \frac{X(x, y, z)}{y} = \frac{\Psi(x, y, z)}{z}; \tag{34}$$

il est clair que l'équation de la nappe ci-dessus mentionnée sera fournie par l'élimination des paramètres x, y, z entre les formules (26), (30) et (34). Comme on aura d'ailleurs, en vertu du théorème des fonctions homogènes,

$$x\Phi(x, y, z) + yX(x, y, z) + z\Psi(x, y, z) = \mathcal{F}(x, y, z), \tag{35}$$

on tirera de l'équation (34), jointe aux formules (26) et (30),

(36) $$\frac{\Phi(x,y,z)}{x}=\frac{X(x,y,z)}{y}=\frac{\Psi(x,y,z)}{z}=\frac{\mathcal{F}(x,y,z)}{xx+yy+zz}=\pm 1,$$

et par conséquent

(37) $$\Phi(x,y,z)=x,\qquad X(x,y,z)=y,\qquad \Psi(x,y,z)=z,$$

ou

(38) $$\Phi(x,y,z)=-x,\qquad X(x,y,z)=-y,\qquad \Psi(x,y,z)=-z.$$

Donc, pour obtenir l'équation de la nappe dont il s'agit, il suffira de substituer, dans la formule (30), les valeurs de x, y, z exprimées en fonctions de x, y, z, à l'aide des formules (37) ou (38). Observons, au reste, que les fonctions homogènes $\mathcal{F}(x,y,z)$, $\mathcal{F}(x,y,z,t)$ étant de degré pair, et les fonctions dérivées $2\Phi(x,y,z)$, $2X(x,y,z)$, $2\Psi(x,y,z)$ de degré impair, les valeurs de x, y, z changeront de signe avec x, y, z, de sorte qu'on arrivera au même résultat en partant des équations (37) ou des équations (38), et qu'on pourra réduire la formule (36) à la suivante

(39) $$\frac{\Phi(x,y,z)}{x}=\frac{X(x,y,z)}{y}=\frac{\Psi(x,y,z)}{z}=1.$$

Pour montrer une application des principes que nous venons d'établir, supposons qu'en résolvant la formule (11), on obtienne pour s^2 une valeur de la forme

(40) $$s^2=\mathfrak{a}a^2+\mathfrak{b}b^2+\mathfrak{c}c^2+2\mathfrak{d}bc+2\mathfrak{e}ca+2\mathfrak{f}ab.$$

L'équation (30) deviendra

(41) $$t^2=\mathfrak{a}x^2+\mathfrak{b}y^2+\mathfrak{c}z^2+2\mathfrak{d}yz+2\mathfrak{e}zx+2\mathfrak{f}xy;$$

et par suite les formules (37) donneront

(42) $$\mathfrak{a}x+\mathfrak{f}y+\mathfrak{e}z=x,\qquad \mathfrak{f}x+\mathfrak{b}y+\mathfrak{d}z=y,\qquad \mathfrak{e}x+\mathfrak{d}y+\mathfrak{c}z=z.$$

Or, en substituant, dans l'équation (41), ou plutôt dans la suivante

(43) $$t^2=xx+yy+zz,$$

les valeurs de x, y, z tirées des formules (42), savoir,

$$x=\frac{(\mathfrak{bc}-\mathfrak{d}^2)x+(\mathfrak{de}-\mathfrak{cf})y+(\mathfrak{fd}-\mathfrak{be})z}{\mathfrak{abc}-\mathfrak{ad}^2-\mathfrak{be}^2-\mathfrak{cf}^2+2\mathfrak{def}},$$

$$y=\frac{(\mathfrak{de}-\mathfrak{cf})x+(\mathfrak{ca}-\mathfrak{e}^2)y+(\mathfrak{ef}-\mathfrak{ad})z}{\mathfrak{abc}-\mathfrak{ad}^2-\mathfrak{be}^2-\mathfrak{cf}^2+2\mathfrak{def}},$$

$$z=\frac{(\mathfrak{fd}-\mathfrak{bc})x+(\mathfrak{ef}-\mathfrak{ad})y+(\mathfrak{ca}-\mathfrak{f}^2)z}{\mathfrak{abc}-\mathfrak{ad}^2-\mathfrak{be}^2-\mathfrak{cf}^2+2\mathfrak{def}},$$

on trouvera

$$\frac{(\mathfrak{bc}-\mathfrak{d}^2)x^2+(\mathfrak{ca}-\mathfrak{e}^2)y^2+(\mathfrak{ab}-\mathfrak{f}^2)z^2+2(\mathfrak{ef}-\mathfrak{ad})yz+2(\mathfrak{fd}-\mathfrak{be})zx+2(\mathfrak{de}-\mathfrak{cf})xy}{\mathfrak{abc}-\mathfrak{ad}^2-\mathfrak{be}^2-\mathfrak{cf}^2+2\mathfrak{def}}=t^2. \tag{44}$$

Telle est l'équation qui représentera une nappe de la surface des ondes, si la valeur de s^2, correspondante à cette nappe, est donnée par la formule (40). Si l'équation (41) appartient à un ellipsoïde, la nappe représentée par l'équation (44) sera un second ellipsoïde, et les rayons vecteurs menés de l'origine à deux points correspondants de ces ellipsoïdes seront tellement liés entre eux que le produit de ces rayons vecteurs par l'angle aigu qu'ils comprennent sera égal au carré du temps.

Si, dans la formule (40), on substitue la valeur de s tirée de l'équation (6) ou (9), on trouvera

$$(\mathfrak{a}a^2+\mathfrak{b}b^2+\mathfrak{c}c^2+2\mathfrak{d}bc+2\mathfrak{e}ca+2\mathfrak{f}ab)t^2=(ax+by+cz)^2. \tag{45}$$

Or, au lieu d'éliminer x, y, z entre les formules (41), (42), on pourrait éliminer a, b, c entre l'équation (45) et ses dérivées prises successivement par rapport à chacune des trois quantités a, b, c. En opérant ainsi, on obtiendrait l'équation

$$\left\{\begin{array}{l} \left(\mathfrak{a}-\frac{x^2}{t^2}\right)\left(\mathfrak{b}-\frac{y^2}{t^2}\right)\left(\mathfrak{c}-\frac{z^2}{t^2}\right) \\ -\left(\mathfrak{a}-\frac{x^2}{t^2}\right)\left(\mathfrak{d}-\frac{yz}{t^2}\right)^2-\left(\mathfrak{b}-\frac{y^2}{t^2}\right)\left(\mathfrak{e}-\frac{zx}{t^2}\right)^2-\left(\mathfrak{c}-\frac{z^2}{t^2}\right)\left(\mathfrak{f}-\frac{xy}{t^2}\right)^2 \\ +2\left(\mathfrak{d}-\frac{yz}{t^2}\right)\left(\mathfrak{e}-\frac{zx}{t^2}\right)\left(\mathfrak{f}-\frac{xy}{t^2}\right)=0, \end{array}\right. \tag{46}$$

qui coïncide effectivement avec la formule (44).

Si la valeur de s^2, déterminée par la formule (40), se réduisait à

$$s^2=\mathfrak{a}a^2+\mathfrak{b}b^2+\mathfrak{c}c^2, \tag{47}$$

l'équation (44), qui représente, au bout du temps t, la surface de l'onde, deviendrait

$$\frac{x^2}{\mathfrak{a}}+\frac{y^2}{\mathfrak{b}}+\frac{z^2}{\mathfrak{c}}=t^2. \tag{48}$$

Supposons maintenant que $\mathcal{F}(a,b,c)$ désigne seulement une valeur approchée de s^2, et que l'on trouve, en poussant plus loin l'approximation, ou même en ne négligeant rien,

$$s^2 = \mathcal{F}(a, b, c) + f(a, b, c). \tag{49}$$

Pour obtenir la nappe de la surface des ondes à laquelle correspondra la valeur précédente de s^2, il faudra substituer, non plus dans la formule (30), les valeurs de x, y, z fournies par les équations (37), mais dans la formule

$$t^2 = \mathcal{F}(x', y', z') + f(x', y', z'), \tag{50}$$

les valeurs de x', y', z' fournies par les équations

$$\Phi(x', y', z') + \varphi(x', y', z') = x, \quad X(x', y', z') + \chi(x', y', z') = y, \quad \Psi(x', y', z') + \psi(x', y', z') = z, \tag{51}$$

en faisant, pour abréger,

$$\varphi(x, y, z) = \frac{1}{2}\frac{df(x, y, z)}{dx}, \quad \chi(x, y, z) = \frac{1}{2}\frac{df(x, y, z)}{dy}, \quad \psi(x, y, z) = \frac{1}{2}\frac{df(x, y, z)}{dz}, \tag{52}$$

Supposons maintenant que les quantités $f(x, y, z)$ et $x' - x$, $y' - y$, $z' - z$ étant considérées comme infiniment petites du premier ordre, on néglige les infiniment petits du second ordre. En ayant égard au théorême des fonctions homogènes, on tirera des équations (51), respectivement multipliées par x', y', z',

$$xx' + yy' + zz' = \mathcal{F}(x', y', z') + f(x'y'z'), \tag{53}$$

ou à très-peu près

$$xx' + yy' + zz' = \mathcal{F}(x', y', z') + f(x, y, z). \tag{54}$$

Comme on aura d'ailleurs, en vertu des formules (35) et (37),

$$xx + yy + zz = \mathcal{F}(x, y, z), \tag{55}$$

on trouvera encore

$$\begin{aligned} x(x' - x) + y(y' - y) + z(z' - z) &= \mathcal{F}(x', y', z') - \mathcal{F}(x, y, z) + f(x, y, z) \\ &= 2[(x' - x)\Phi(x, y, z) + (y' - y)X(x, y, z) + (z' - z)\Psi(x, y, z)] + f(x, y, z) \\ &= 2[x(x' - x) + y(y' - y) + z(z' - z)] + f(x, y, z), \end{aligned}$$

ou, ce qui revient au même,

$$(56)\qquad x(\mathrm{x}'-\mathrm{x})+y(\mathrm{y}'-\mathrm{y})+z(\mathrm{z}'-\mathrm{z})=-\mathrm{f}(\mathrm{x},\mathrm{y},\mathrm{z})\,,$$

et par conséquent

$$(57)\qquad x\mathrm{x}'+y\mathrm{y}'+z\mathrm{z}'=x\mathrm{x}+y\mathrm{y}+z\mathrm{z}-\mathrm{f}(\mathrm{x},\mathrm{y},\mathrm{z})=\mathscr{F}(\mathrm{x},\mathrm{y},\mathrm{z})-\mathrm{f}(\mathrm{x},\mathrm{y},\mathrm{z}).$$

Cela posé, les formules (50) et (53) donneront

$$(58)\qquad t^2=\mathscr{F}(\mathrm{x},\mathrm{y},\mathrm{z})-\mathrm{f}(\mathrm{x},\mathrm{y},\mathrm{z}).$$

Telle est l'équation qui représentera sans erreur sensible une nappe de la surface des ondes, cette nappe étant relative à la valeur de s^2 que détermine la formule (49).

Au reste, les méthodes que nous venons d'indiquer comme propres à fournir les diverses nappes de la surface (15) seraient évidemment applicables dans le cas même où l'on désignerait par $\mathscr{F}(a, b, c, s)$, non plus une fonction homogène du sixième degré, déterminée par l'équation (10), mais une fonction homogène de degré quelconque.

Revenons maintenant à la formule (10). Cette formule se trouvera réduite à l'équation (48) du § 1.er, si l'élasticité du système de molécules que l'on considère reste la même en tous sens autour d'un point quelconque. Par suite, les trois valeurs de s, représentées par s', s'', s''', se réduiront à celles que déterminent les formules (49) du 1er, savoir,

$$(59)\qquad s'^2=s''^2=R+I=(R+I)(a^2+b^2+c^2)\,,$$

$$(60)\qquad s'''^2=3R+I=(3R+I)(a^2+b^2+c^2).$$

Donc alors, quelle que soit la direction du plan $OO'O''$ qui, au premier moment, divise en deux parties égales l'épaisseur d'une onde plane, la propagation du mouvement de chaque côté du plan $OO'O''$ donnera seulement naissance à deux ondes planes dont les vitesses de propagation seront

$$(61)\qquad (R+I)^{\frac{1}{2}}\,,\qquad (3R+I)^{\frac{1}{2}}\,,$$

et la surface des ondes se réduira au système de deux surfaces sphériques qui seront, au bout du temps t, représentées par les équations

$$(62)\qquad \frac{x^2+y^2+z^2}{R+I}=t^2,\qquad\qquad (63)\qquad \frac{x^2+y^2+z^2}{3R+I}=t^2.$$

Alors aussi les formules (13), (45) et (46) du § 1.er donneraient

$$(64)\quad \begin{cases} 2R(a\mathcal{A}+b\mathcal{B}+c\mathcal{C})\dfrac{a}{\mathcal{A}} = 2R(a\mathcal{A}+b\mathcal{B}+c\mathcal{C})\dfrac{b}{\mathcal{B}} = 2R(a\mathcal{A}+b\mathcal{B}+c\mathcal{C})\dfrac{c}{\mathcal{C}} \\ = s^2 - R - I. \end{cases}$$

D'ailleurs, si, dans la formule (64), on pose $s^2 = R + I$, on en conclura

$$(a\mathcal{A}+b\mathcal{B}+c\mathcal{C})\frac{a}{\mathcal{A}} = (a\mathcal{A}+b\mathcal{B}+c\mathcal{C}) = (a\mathcal{A}+b\mathcal{B}+c\mathcal{C})\frac{c}{\mathcal{C}} = 0,$$

et par conséquent

$$(65)\qquad a\mathcal{A}+b\mathcal{B}+c\mathcal{C}=0,$$

attendu que les quantités a, b, c liées entre elles par la condition

$$a^2+b^2+c^2=1$$

ne peuvent s'évanouir simultanément. Si l'on pose, au contraire, $s^2 = 3R + I$, on tirera de la formule (64)

$$\frac{a}{\mathcal{A}} = \frac{b}{\mathcal{B}} = \frac{c}{\mathcal{C}} = \frac{1}{a\mathcal{A}+b\mathcal{B}+c\mathcal{C}},$$

et par suite

$$(66)\qquad \frac{\mathcal{A}}{a} = \frac{\mathcal{B}}{b} = \frac{\mathcal{C}}{c} = \pm\frac{\sqrt{(\mathcal{A}^2+\mathcal{B}^2+\mathcal{C}^2)}}{\sqrt{(a^2+b^2+c^2)}} = \pm 1.$$

De plus, comme deux racines égales de l'équation (11) correspondent à la première des ondes planes ci-dessus mentionnées, cette onde plane pourra être considérée comme produite par la superposition de deux autres ondes de même espèce. Cela posé, il résulte évidemment des formules (65), (66) que les déplacements et les vitesses absolues des molécules se mesureront, dans la première onde, suivant des droites parallèles au plan $OO'O''$, et dans la deuxième onde, suivant des droites perpendiculaires au même plan.

Si la quantité I, c'est-à-dire la pression supportée par un plan quelconque dans l'état naturel s'évanouissait, les vitesses de propagation de la première et de la deuxième onde deviendraient respectivement

$$(67)\qquad \sqrt{R},\qquad \sqrt{3R},$$

et la surface des ondes se réduirait au système des deux surfaces sphériques représentées par les équations

(68) $$\frac{x^2+y^2+z^2}{R}=t^2,$$ (69) $$\frac{x^2+y^2+z^2}{3R}=t^2.$$

En général, lorsque de la formule (10), combinée avec les formules (33) et (8) ou (38) et (36) du § 1.er, on a déduit les trois valeurs de s^2 relatives au cas où les coefficients

(70) $$\mathfrak{A},\ \mathfrak{B},\ \mathfrak{C},\ \mathfrak{D},\ \mathfrak{E},\ \mathfrak{F},\quad \text{ou}\quad G,\ H,\ I$$

des formules (7) ou (35) [§ 1.er] s'évanouissent, il suffit évidemment d'ajouter à ces valeurs le polynome

(71) $$\mathfrak{A}a^2+\mathfrak{B}b^2+\mathfrak{C}c^2+2\mathfrak{D}bc+2\mathfrak{E}ca+2\mathfrak{F}ab,$$

ou

(72) $$Ga^2+Hb^2+Ic^2,$$

pour trouver ce qu'elles deviennent dans le cas contraire. On sait d'ailleurs que les coefficients (70) représentent les projections algébriques des pressions supportées dans l'état naturel par des plans perpendiculaires aux axes coordonnés.

Supposons maintenant que l'élasticité du système reste la même en tous sens autour d'un axe quelconque parallèle à l'axe des z. Alors, en admettant que les pressions s'évanouissent dans l'état naturel, on tirera de la formule (10), jointe aux équations (41), (42) du § 1.er,

(73) $$\mathrm{F}(a,b,c,s)=$$

$$(3Ra^2+Rb^2+Qc^2-s^2)(Ra^2+3Rb^2+Qc^2-s^2)(Qa^2+Qb^2+Nc^2-s^2)$$

$$-4Q^2b^2c^2(3Ra^2+Rb^2+Qc^2-s^2)-4Q^2c^2a^2(Ra^2+3Rb^2+Qc^2-s^2)-4R^2a^2b^2(Qa^2+Qb^2+Nc^2-s^2)$$

$$+16Q^2Ra^2b^2c^2.$$

D'autre part on aura identiquement

$$(3Ra^2+Rb^2+Qc^2-s^2)(Ra^2+3Rb^2+Qc^2-s^2)-4R^2a^2b^2$$

$$=(Ra^2+Rb^2+Qc^2-s^2)(3Ra^2+3Rb^2+Qc^2-s^2),$$

et

$$b^2(3Ra^2+Rb^2+Qc^2-s^2)+a^2(Ra^2+3Rb^2+Qc^2-s^2)-4Ra^2b^2$$

$$=(Ra^2+Rb^2+Qc^2-s^2)(a^2+b^2).$$

Donc, la formule (73) pouvant être réduite à

(74) $$F(a, b, c, s) =$$

$$(Ra^2+Rb^2+Qc^2-s^2)[(3Ra^2+3Rb^2+Qc^2-s^2)(Qa^2+Qb^2+Nc^2-s^2)-4Q^2c^2(a^2+b^2)],$$

l'équation (11) se décomposera en deux autres, savoir,

(75) $$Ra^2+Rb^2+Qc^2-s^2=0,$$

et

(76) $$(3Ra^2+3Rb^2+Qc^2-s^2)(Qa^2+Qb^2+Nc^2-s^2)-4Q^2c^2(a^2+b^2)=0.$$

Ajoutons que l'équation (76), pouvant être présentée sous la forme

(77) $$\left\{\begin{array}{l}(Qa^2+Qb^2+Qc^2-s^2)(3Ra^2+3Rb^2+Nc^2-s^2)\\ +[(N-Q)(3R-Q)-4Q^2]c^2(a^2+b^2)=0,\end{array}\right.$$

sera elle-même décomposable en deux autres, savoir,

(78) $$Q(a^2+b^2+c^2)-s^2=0$$

et

(79) $$3R(a^2+b^2)+Nc^2-s^2=0,$$

si les coefficients N, Q, R vérifient la condition

(80) $$(N-Q)(3R-Q)=4Q^2.$$

Alors on pourra prendre

(81) $$s'^2=Q(a^2+b^2+c^2)=Q,$$

(82) $$s''^2=R(a^2+b^2)+Qc^2,$$

(83) $$s'''^2=3R(a^2+b^2)+Nc^2,$$

et par suite les trois nappes de la surface des ondes se réduiront aux surfaces de la sphère représentée par l'équation

(84) $$\frac{x^2+y^2+z^2}{Q}=t^2,$$

et des deux ellipsoïdes représentés par les deux équations

(85) $$\frac{x^2+y^2}{R}+\frac{z^2}{Q}=t^2,$$

(86) $$\frac{x^2+y^2}{3R}+\frac{z^2}{N}=t^2.$$

Alors aussi, en posant successivement $s=s'$, $s=s''$, $s=s'''$, on tirera des formules (14) du § 1.er

(87) $$\frac{\mathcal{A}'}{a}=\frac{\mathcal{B}'}{b}=-\frac{2Q}{3R-Q}\frac{c\mathcal{C}'}{a^2+b^2},$$

(88) $$a\mathcal{A}''+b\mathcal{B}''=0, \qquad \mathcal{C}''=0,$$

(89) $$\frac{\mathcal{A}'''}{a}=\frac{\mathcal{B}'''}{b}=\frac{2Q}{N-Q}\frac{\mathcal{C}'''}{c},$$

puis on conclura des équations (87), (88), (89), combinées avec les formules (20), (22), (24) du § 1.er, que, dans trois ondes planes, parallèles à un même plan $OO'O''$, et dont les vitesses de propagation seront s', s'', s''', les déplacements absolus des molécules se mesureront parallèlement aux trois droites représentées par les formules

(90) $$\frac{x}{a}=\frac{y}{b}=-\frac{2Q}{3R-Q}\frac{cz}{a^2+b^2}=-\frac{N-Q}{2Q}\frac{cz}{a^2+b^2},$$

(91) $$ax+by=0, \qquad z=0;$$

(92) $$\frac{x}{a}=\frac{y}{b}=\frac{2Q}{N-Q}\frac{z}{c}=\frac{3R-Q}{2Q}\frac{z}{c}.$$

Or il résulte des équations (91) que, dans les ondes planes dont la vitesse de propagation sera s'', les droites, suivant lesquelles se mesureront les déplacements des molécules, resteront toujours parallèles au plan $OO'O''$ et perpendiculaires à l'axe des z. Au contraire, il suit des formules (90) et (92) que, dans les ondes planes dont les vitesses de propagation seront s'' et s''', les droites, suivant lesquelles se mesureront les déplacements des molécules, resteront toujours comprises dans des plans parallèles à l'axe des z et perpendiculaires au plan $OO'O''$.

Si, la condition (80) étant vérifiée, ainsi que les conditions (39) du § 1.er, on ne supposait pas les pressions nulles dans l'état naturel, il faudrait aux formules (81), (82), (83) substituer les suivantes

$$s'^2 = (R+H)(a^2+b^2)+(Q+I)c^2, \tag{93}$$

$$s''^2 = (R+H)(a^2+b^2)+(Q+I)c^2, \tag{94}$$

$$s'''^2 = (3R+H)(a^2+b^2)+(N+I)c^2; \tag{95}$$

et par conséquent les trois nappes de la surface des ondes coïncideraient avec les surfaces des trois ellipsoïdes représentés par les équations

$$\frac{x^2+y^2}{Q+H}+\frac{z^2}{Q+I}=t^2, \tag{96}$$

$$\frac{x^2+y^2}{R+H}+\frac{z^2}{Q+I}=t^2, \tag{97}$$

$$\frac{x^2+y^2}{3R+H}+\frac{z^2}{N+I}=t^2. \tag{98}$$

Quant aux déplacements absolus des molécules dans les ondes planes dont les vitesses de propagation seraient s', s'', s''', ils se mesureraient toujours suivant des droites parallèles à celles que représentent les formules (90), (91), (92).

Il est important d'observer que la condition (80) se trouve remplie, en même temps que les conditions (43) du § 1.er, dans le cas où l'élasticité du système que l'on considère est la même en tous sens autour d'un point quelconque. Alors aussi on a

$$3R-Q=N-Q=2Q, \tag{99}$$

et la formule (92), réduite à

$$\frac{x}{a}=\frac{y}{b}=\frac{z}{c}, \tag{100}$$

montre que, dans la troisième onde, les déplacements absolus des molécules se mesurent suivant des droites perpendiculaires au plan $OO'O''$. Ajoutons que, si la condition (99) n'est pas rigoureusement mais sensiblement vérifiée, il en sera de même de la formule (100), et que par suite les déplacements absolus des molécules dans la troisième onde se mesureront suivant des droites sensiblement, mais non exactement perpendiculaires au plan $OO'O''$.

On pourrait demander si le cas où l'on suppose la condition (80) vérifiée, est le seul dans lequel les deux valeurs de s^2, fournies par l'équation (76), se réduisent à des fonctions rationnelles de a, b, c. Pour répondre à cette question, il suffira d'observer qu'on tire généralement de l'équation (76)

$$(101)\qquad s^2 = \frac{(3R+Q)(a^2+b^2)+(N+Q)c^2}{2}$$

$$\pm \tfrac{1}{2}\sqrt{\left\{(3R-Q)^2(a^2+b^2)^2+2[8Q^2-(3R-Q)(N-Q)](a^2+b^2)c^2+(N-Q)^2c^4\right\}}.$$

Or la valeur précédente de s^2 deviendra une fonction rationnelle de a, b, c, si la quantité comprise sur le radical est un carré parfait, ou, ce qui revient au même, si l'on a

$$(102)\qquad 8Q^2-(3R-Q)(N-Q)=\pm(3R-Q)(N-Q);$$

et suivant qu'on réduira le double signe $\pm$ au signe $+$ ou au signe $-$, la formule (102) reproduira la condition (80), ou la suivante

$$(103)\qquad Q=0.$$

Donc, si le coefficient Q n'est pas nul, l'équation (76) ne pourra fournir une valeur rationnelle de s^2, à moins que les trois quantités Q, R, N ne satisfassent à la condition (80). Remarquons d'ailleurs que, si, les pressions étant nulles dans l'état naturel du système que l'on considère, le coefficient Q s'évanouissait, les valeurs de s^2 déterminées par les formules (75), (76) deviendraient

$$(104)\quad s^2=Nc^2,\qquad (105)\quad s^2=R(a^2+b^2),\qquad (106)\quad s^2=3R(a^2+b^2).$$

Alors aussi les trois nappes de la surface des ondes disparaîtraient et se trouveraient remplacées par des points et des cercles. En effet, on tirerait des formules (37) ou (38) et (30), 1.° en supposant $\mathcal{F}(x,y,z)=Nz^2$,

$$(107)\qquad x=0,\qquad y=0,\qquad \frac{z^2}{N}=t^2,$$

2.° en supposant $\mathcal{F}(x,y,z)=R(x^2+y^2)$,

$$(108)\qquad \frac{x^2+y^2}{R}=t^2,\qquad z=0,$$

3.° en supposant $\mathcal{F}(x, y, z) = 3R(x^2 + y^2)$,

$$\frac{x^2+y^2}{3R} = t^2, \qquad z = 0. \tag{109}$$

Donc, au bout du temps t, les ondes planes douées de la vitesse de propagation $\pm N^{\frac{1}{2}}c$ passeraient toutes par l'un des deux points situés sur l'axe des z à la distance $N^{\frac{1}{2}}t$ de l'origine des coordonnées, tandis que les plans tracés de manière à diviser en parties égales les épaisseurs des ondes douées de la vitesse de propagation $R^{\frac{1}{2}}(a^2+b^2)^{\frac{1}{2}}$ ou $3^{\frac{1}{2}}R^{\frac{1}{2}}(a^2+b^2)^{\frac{1}{2}}$ toucheraient les circonférences de cercles représentées par les équations (108) ou (109). Enfin l'on tirerait des formules (14), (41) et (42) du § 1.er,
1.° en supposant $s^2 = Nc^2$,

$$\mathcal{A} = 0, \qquad \mathcal{B} = 0, \qquad \mathcal{C} = \pm 1, \tag{110}$$

2.° en supposant $s^2 = R(a^2 + b^2)$,

$$a\mathcal{A} + b\mathcal{B} = 0, \qquad \mathcal{C} = 0, \tag{111}$$

3.° en supposant $s^2 = 3R(a^2 + b^2)$,

$$\frac{\mathcal{A}}{a} = \frac{\mathcal{B}}{b}, \qquad \mathcal{C} = 0, \tag{112}$$

Par suite, dans les ondes planes dont les vitesses de propagation seraient données par les formules (104), (105) et (106), les déplacements absolus des molécules se mesureraient parallèlement aux droites représentées par les équations

$$x = 0, \qquad y = 0, \tag{113}$$

$$ax + by = 0, \qquad z = 0, \tag{114}$$

$$\frac{x}{a} = \frac{y}{b}, \qquad z = 0. \tag{115}$$

Or ces trois droites se confondent, la première avec l'axe des z, la seconde avec la perpendiculaire menée à cet axe dans le plan $OO'O''$ que représente l'équation (2), et la troisième avec une perpendiculaire au plan des deux premières.

Si, les pressions n'étant pas nulles dans l'état naturel, le coefficient Q s'évanouissait, il faudrait aux formules (104), (105), (106) substituer les suivantes

$$s^2 = H(a^2+b^2) + (N+I)c^2, \tag{116}$$

$$s^2 = (R+H)(a^2+b^2) + Ic^2, \tag{117}$$

$$s^2 = (3R+H)(a^2+b^2) + Ic^2; \tag{118}$$

et par conséquent les trois nappes de la surface des ondes coïncideraient avec les surfaces des trois ellipsoïdes représentés par les équations

$$\frac{x^2+y^2}{H} + \frac{z^2}{N+I} = t^2, \tag{119}$$

$$\frac{x^2+y^2}{R+H} + \frac{z^2}{I} = t^2, \tag{120}$$

$$\frac{x^2+y^2}{3R+H} + \frac{z^2}{I} = t^2, \tag{121}$$

Quant aux déplacements absolus des molécules dans les ondes planes, ils se mesureraient toujours suivant des droites parallèles à celles que représentent les formules (113), (114) et (115).

Lorsque, l'élasticité du système restant la même en tous sens autour de l'axe des z, les valeurs de s^2 fournies par l'équation (76) sont des fonctions irrationnelles de a, b, c, chacune de ces valeurs est de la forme

$$s^2 = \mathscr{F}[(a^2+b^2)^{\frac{1}{2}}, c]. \tag{122}$$

Or, en substituant l'équation (122) avec la suivante

$$t^2 = \mathscr{F}[(\mathrm{x}^2+\mathrm{y}^2)^{\frac{1}{2}}, \mathrm{z}] \tag{123}$$

aux formules (29), (30), et posant d'ailleurs

$$\Phi(\mathrm{x},\mathrm{z}) = \frac{1}{2}\,\frac{d\mathscr{F}(\mathrm{x},\mathrm{z})}{d\mathrm{x}}, \qquad \Psi(\mathrm{x},\mathrm{z}) = \frac{1}{2}\,\frac{d\mathscr{F}(\mathrm{x},\mathrm{z})}{d\mathrm{z}}, \tag{124}$$

on reconnaîtra sans peine que, pour obtenir, dans l'hypothèse admise, l'équation propre à représenter une nappe de la surface des ondes, il suffit d'éliminer x, y, z, non plus entre les formules (30) et (37) ou (38), mais entre l'équation (123) et les formules

$$(125)\quad \left\{\begin{array}{l} x = \dfrac{\mathrm{x}}{\sqrt{(\mathrm{x}^2+\mathrm{y}^2)}}\,\Phi[(\mathrm{x}^2+\mathrm{y}^2)^{\frac{1}{2}},\mathrm{z}], \qquad y = \dfrac{\mathrm{y}}{\sqrt{(\mathrm{x}^2+\mathrm{y}^2)}}\,\Phi[(\mathrm{x}^2+\mathrm{y}^2)^{\frac{1}{2}},\mathrm{z}], \\ \qquad\qquad z = \Psi[(\mathrm{x}^2+\mathrm{y}^2)^{\frac{1}{2}},\mathrm{z}], \end{array}\right.$$

ou

$$(126)\quad \left\{\begin{array}{l} x = -\dfrac{\mathrm{x}}{\sqrt{(\mathrm{x}^2+\mathrm{y}^2)}}\,\Phi[(\mathrm{x}^2+\mathrm{y}^2)^{\frac{1}{2}},\mathrm{z}], \qquad y = -\dfrac{\mathrm{y}}{\sqrt{(\mathrm{x}^2+\mathrm{y}^2)}}\,\Phi[(\mathrm{x}^2+\mathrm{y}^2)^{\frac{1}{2}},\mathrm{z}], \\ \qquad\qquad z = -\Psi[(\mathrm{x}^2+\mathrm{y}^2)^{\frac{1}{2}},\mathrm{z}]. \end{array}\right.$$

Or, dans cette élimination, on pourra évidemment aux équations (125) ou (126) substituer les formules

$$(127)\qquad (x^2+y^2)^{\frac{1}{2}} = \Phi[(\mathrm{x}^2+\mathrm{y}^2)^{\frac{1}{2}},\mathrm{z}], \qquad z = \Psi[(\mathrm{x}^2+\mathrm{y}^2)^{\frac{1}{2}},\mathrm{z}],$$

ou

$$(128)\qquad (x^2+y^2)^{\frac{1}{2}} = -\Phi[(\mathrm{x}^2+\mathrm{y}^2)^{\frac{1}{2}},\mathrm{z}], \qquad z = -\Psi[(\mathrm{x}^2+\mathrm{y}^2)^{\frac{1}{2}},\mathrm{z}];$$

et, comme on tirera de ces dernières combinées avec la formule (123) une équation de la forme

$$(129)\qquad \Pi\left\{\frac{(x^2+y^2)^{\frac{1}{2}}}{t},\ \frac{z}{t}\right\} = 0,$$

il est clair que, dans la surface des ondes, les deux nappes correspondantes aux valeurs de s^2 déterminées par la formule (76) seront des surfaces de révolution autour de l'axe des z. Cette conclusion qu'il était aisé de prévoir s'étend au cas même où, les pressions n'étant pas nulles dans l'état naturel, on devrait modifier les deux valeurs de s^2 ci-dessus mentionnées en ajoutant à chacune d'elles le trinome

$$(130)\qquad H(a^2+b^2)+Ic^2.$$

Quant à la troisième nappe de la surface des ondes, elle coïncidera toujours avec l'ellipsoïde (85) ou (97) qui est pareillement de révolution autour de l'axe des z.

La section méridienne faite par le plan des x, z dans la surface de révolution que représente la formule (129), a pour équation

$$\Pi\left(\frac{x}{t}, \frac{z}{t}\right) = 0. \tag{131}$$

Or, on peut obtenir directement l'équation (131); et, pour y parvenir, il suffit évidemment d'éliminer les deux variables x, z entre les formules

$$t^2 = \mathscr{F}(\mathrm{x}, \mathrm{z}), \tag{132}$$

et

$$x = \Phi(\mathrm{x}, \mathrm{z}), \qquad z = \Psi(\mathrm{x}, \mathrm{z}), \tag{133}$$

ou

$$x = -\Phi(\mathrm{x}, \mathrm{z}), \qquad z = -\Psi(\mathrm{x}, \mathrm{z}). \tag{134}$$

L'équation (131) étant ainsi trouvée, on en déduira immédiatement la formule (129), en remplaçant x par $(x^2 + y^2)^{\frac{1}{2}}$.

Concevons à présent que le système proposé n'offre plus la même élasticité en tous sens autour de l'axe des z, mais seulement trois axes d'élasticité rectangulaires entre eux. Si l'on admet en outre que les pressions soient nulles dans l'état naturel, la fonction $\mathrm{F}(a, b, c, s)$ sera déterminée par la formule (10), jointe aux équations (36), (38) du § 1.er, c'est-à-dire, en d'autres termes, par la formule

$$\begin{aligned}\mathrm{F}(a, b, c, s) = \; & (La^2 + Rb^2 + Qc^2 - s^2)(Ra^2 + Mb^2 + Pc^2 - s^2)(Qa^2 + Pb^2 + Nc^2 - s^2) \\ & - 4P^2b^2c^2(La^2 + Rb^2 + Qc^2 - s^2) - 4Q^2c^2a^2(Ra^2 + Mb^2 + Pc^2 - s^2) - 4R^2a^2b^2(Qa^2 + Pb^2 + Nc^2 - s^2) \\ & + 16PQRa^2b^2c^2.\end{aligned} \tag{135}$$

Cela posé, la formule (11) deviendra

$$\begin{aligned}& (La^2 + Rb^2 + Qc^2 - s^2)(Ra^2 + Mb^2 + Pc^2 - s^2)(Qa^2 + Pb^2 + Nc^2 - s^2) \\ & - 4P^2b^2c^2(La^2 + Rb^2 + Qa^2 - s^2) - 4Q^2c^2a^2(Ra^2 + Mb^2 + Pc^2 - s^2) - 4R^2a^2b^2(Qa^2 + Pb^2 + Nc^2 - s^2) \\ & + 16PQRa^2b^2c^2 = 0.\end{aligned} \tag{136}$$

Si, dans cette dernière, on fait successivement $a = 0$, $b = 0$, $c = 0$, on obtiendra les trois suivantes

$$(137) \qquad (Rb^2 + Qc^2 - s^2)[(Mb^2 + Pc^2 - s^2)(Nc^2 + Pb^2 - s^2) - 4P^2b^2c^2] = 0,$$

$$(138) \qquad (Pc^2 + Ra^2 - s^2)[(Nc^2 + Qa^2 - s^2)(La^2 + Qc^2 - s^2) - 4Q^2c^2a^2] = 0,$$

$$(139) \qquad (Qa^2 + Pb^2 - s^2)[(La^2 + Rb^2 - s^2)(Mb^2 + Ra^2 - s^2) - 4R^2a^2b^2] = 0,$$

qui détermineront les vitesses de propagation des ondes renfermées entre des plans perpendiculaires à l'axe des x, ou à l'axe des y, ou à l'axe des z. Soient d'ailleurs

$$(29) \qquad s^2 = \mathcal{F}(a, b, c)$$

l'une des valeurs de s^2 déduites de la formule (136), et $\Phi(a, b, c)$, $X(a, b, c)$, $\Psi(a, b, c)$ les demi-dérivées de $\mathcal{F}(a, b, c)$ prises par rapport aux trois quantités a, b, c. On vérifiera les équations (137), (138), (139) en posant successivement

$$(140) \qquad s^2 = \mathcal{F}(0, b, c),$$

$$(141) \qquad s^2 = \mathcal{F}(a, 0, c),$$

$$(142) \qquad s^2 = \mathcal{F}(a, b, 0);$$

et les plans qui diviseront en parties égales les épaisseurs des ondes dont les vitesses de propagation seront déterminées par la formule (140) ou (141) ou (142), toucheront, au bout du temps t, la surface cylindrique dont l'équation sera produite par l'élimination de y et z, ou de z et x, ou de x et y entre les formules

$$(143) \qquad t^2 = \mathcal{F}(0, y, z), \qquad \frac{X(0, y, z)}{y} = \frac{\Psi(0, y, z)}{z} = \pm 1,$$

ou

$$(144) \qquad t^2 = \mathcal{F}(x, 0, z), \qquad \frac{\Psi(x, 0, z)}{z} = \frac{\Phi(x, 0, z)}{x} = \pm 1,$$

ou

$$(145) \qquad t^2 = \mathcal{F}(x, y, 0), \qquad \frac{\Phi(x, y, 0)}{x} = \frac{X(x, y, 0)}{y} = \pm 1.$$

D'ailleurs, la fonction homogène $\mathcal{F}(x, y, z)$ étant de degré pair, et les fonctions dérivées $2\Phi(x, y, z)$, $2X(x, y, z)$, $2\Psi(x, y, z)$ de degré impair, les valeurs de x, y, z tirées des formules (143), (144), (145) changeront de signe avec x, y, z. Il en résulte qu'avant d'effectuer l'élimination dont il s'agit, on pourra remplacer le double signe $\pm$ par le signe $+$, et réduire les formules (143), (144), (145) à celles qui suivent

$$(146) \qquad t^2 = \mathcal{F}(0, y, z), \qquad X(0, y, z) = y, \qquad \Psi(0, y, z) = z,$$

$$(147) \qquad t^2 = \mathcal{F}(x, 0, z), \qquad \Psi(x, 0, z) = z, \qquad \Phi(x, 0, z) = x,$$

$$(148) \qquad t^2 = \mathcal{F}(x, y, 0), \qquad \Phi(x, y, 0) = x, \qquad X(x, y, 0) = y.$$

J'ajoute que les surfaces cylindriques dont les équations seront produites par l'élimination de y et z, ou de z et x, ou de x et y, entre les formules (146), ou (147), ou (148), couperont les plans coordonnés suivant des courbes comprises dans la surface des ondes, c'est-à-dire, dans la surface (15). En effet, pour obtenir les sections faites dans cette dernière surface par le plan des y, z, il faudra éliminer x, y, z entre les formules (30) et (37), après avoir posé dans la première des formules (37) $x = 0$. D'ailleurs, si l'on différencie, par rapport à la quantité a, l'équation (136), après y avoir remplacé s^2 par $\mathcal{F}(a, b, c)$, on obtiendra la formule

$$\begin{aligned}
&\{[Ra^2+Mb^2+Pc^2-\mathcal{F}(a,b,c)][Qa^2+Pb^2+Nc^2-\mathcal{F}(a,b,c)]-4P^2b^2c^2\}[La-\Phi(a,b,c)]\\
&+\{[Qa^2+Pb^2+Nc^2-\mathcal{F}(a,b,c)][La^2+Rb^2+Qc^2-\mathcal{F}(a,b,c)]-4Q^2c^2a^2\}[Ra-\Phi(a,b,c)]\\
&+\{[La^2+Rb^2+Qc^2-\mathcal{F}(a,b,c)][Ra^2+Mb^2+Pc^2-\mathcal{F}(a,b,c)]-4R^2a^2b^2\}[Qa-\Phi(a,b,c)]\\
&-4a\{Q^2c^2[Ra^2+Mb^2+Pc^2-\mathcal{F}(a,b,c)]+R^2b^2[Qa^2+Pb^2+Nc^2-\mathcal{F}(a,b,c)]-4PQRb^2c^2\}=0,
\end{aligned}$$

dont l'inspection suffit pour montrer qu'on vérifiera l'équation

$$\Phi(a,b,c) = 0$$

en prenant $a = 0$, et par conséquent l'équation

$$(149) \qquad \Phi(x, y, z) = x = 0,$$

en prenant

$$(150) \qquad x = 0.$$

Or, en vertu de la formule (150), l'équation (30) et les deux dernières des équations (37) se réduiront aux formules (146). Donc les sections faites par le plan des y, z dans la première des surfaces cylindriques ci-dessus mentionnées appartiendront en même temps à la surface des ondes; et il est clair qu'on pourra en dire autant des sections faites dans la seconde surface cylindrique par le plan des z, x, ou dans la troisième par le plan des x, y. En d'autres termes, les courbes qui, dans les trois plans coordonnés, seront représentées par les équations résultantes de l'élimination de y et z entre les formules (146), ou de z et x entre les formules (147), ou de x et y entre les formules (148), appartiendront à la surface des ondes. Il reste à savoir de quelle nature sont ces mêmes courbes. C'est ce que nous allons maintenant examiner.

L'équation (137) se décompose en deux autres, savoir,

$$s^2 = Rb^2 + Qc^2, \tag{151}$$

et

$$(Mb^2 + Pc^2 - s^2)(Nc^2 + Pb^2 - s^2) - 4P^2b^2c^2 = 0. \tag{152}$$

Ajoutons que l'équation (152) pourra être présentée sous la forme

$$[(M-P)b^2 + P(b^2+c^2) - s^2][(N-P)c^2 + P(b^2+c^2) - s^2] - 4P^2b^2c^2 = 0,$$

ou sous la suivante

$$[P(b^2+c^2) - s^2][Mb^2 + Nc^2 - s^2] + [(M-P)(N-P) - 4P^2]b^2c^2 = 0, \tag{153}$$

et sera elle-même décomposable en deux autres, savoir,

$$s^2 = P(b^2+c^2), \tag{154}$$

$$s^2 = Mb^2 + Nc^2, \tag{155}$$

si les coefficients P, M, N vérifient la condition

$$(M-P)(N-P) = 4P^2. \tag{156}$$

Alors, en prenant successivement pour $\mathcal{F}(0, b, c)$ les valeurs de s^2 déterminées par les formules (154), (151) et (155), on tirera des formules (146)

$$\text{(157)}\quad \frac{y^2+z^2}{P} = t^2, \qquad \text{(158)}\quad \frac{y^2}{R} + \frac{z^2}{Q} = t^2, \qquad \text{(159)}\quad \frac{y^2}{M} + \frac{z^2}{N} = t^2;$$

et ces trois dernières équations représenteront trois sections faites dans la surface des ondes par le plan des y, z. Or ces trois sections seront évidemment un cercle et deux ellipses. De même, en supposant que les coefficients Q, N, L vérifient la condition

$$(N-Q)(L-Q) = 4Q^2. \tag{160}$$

on déduira des formules (138) et (147) les trois équations

$$(161)\quad \frac{z^2+x^2}{Q}=t^2, \qquad (162)\quad \frac{z^2}{P}+\frac{x^2}{R}=t^2, \qquad (163)\quad \frac{z^2}{N}+\frac{x^2}{L}=t^2,$$

propres à représenter un cercle et deux ellipses suivant lesquelles la surface des ondes sera coupée par le plan des z, x. Enfin, en supposant que les coefficients R, L, M vérifient la condition

$$(164)\qquad (L-R)(M-R)=4R^2,$$

on déduira des formules (139) et (148) les trois équations

$$(165)\quad \frac{x^2+y^2}{R}=t^2, \qquad (166)\quad \frac{x^2}{Q}+\frac{y^2}{P}=t^2, \qquad (167)\quad \frac{x^2}{L}+\frac{y^2}{M}=t^2,$$

propres à représenter un cercle et deux ellipses suivant lesquelles la surface des ondes sera coupée par le plan des x, y.

Lorsque l'élasticité du système est la même en tous sens autour d'un axe quelconque parallèle à l'axe des z, on a

$$P=Q, \qquad L=M=3R,$$

et des trois conditions (156), (160), (164) les deux premières coïncident avec la formule (80), tandis que la dernière se trouve satisfaite d'elle-même. Ces trois conditions se transformeraient en trois équations identiques, si l'élasticité du système était la même en tous sens autour d'un point quelconque.

Les conditions (156), (160), (164) étant supposées remplies, on pourra présenter l'équation (136) sous une forme qui mérite d'être remarquée. En effet, comme on a généralement

$$La^2+Rb^2+Qc^2=La^2+Mb^2+Nc^2-(M-R)b^2-(N-Q)c^2,$$

$$Ra^2+Mb^2+Pc^2=La^2+Mb^2+Nc^2-(N-P)c^2-(L-R)a^2,$$

$$Qa^2+Pb^2+Nc^2=La^2+Mb^2+Nc^2-(L-Q)a^2-(M-P)b^2,$$

on tirera de l'équation (136), en développant son premier membre suivant les puissances de

$$La^2+Mb^2+Nc^2-s^2,$$

et en ayant égard aux conditions (156), (160), (164),

$$(168)\quad \begin{aligned}&(La^2+Mb^2+Nc^2-s^2)^3-[(2L-Q-R)a^2+(2M-R-P)b^2+(2N-P-Q)c^2](La^2+Mb^2+Nc^2-s^2)^2\\
&+\left\{\begin{aligned}&[(L-Q)(L-R)a^2+(L-R)(M-P)b^2+(L-Q)(N-P)c^2]a^2\\&+[(M-R)(L-Q)a^2+(M-R)(M-P)b^2+(M-P)(N-Q)c^2]b^2\\&+[(N-Q)(L-R)a^2+(N-P)(M-R)b^2+(N-P)(N-Q)c^2]c^2\end{aligned}\right\}(La^2+Mb^2+Nc^2-s^2)\\
&+[16PQR-(L-Q)(M-R)(N-P)-(L-R)(M-P)(N-Q)]a^2b^2c^2=0.\end{aligned}$$

De plus on aura évidemment

$$(169)\quad \left\{\begin{aligned}&La^2+Mb^2+Nc^2-s^2-[(2L-Q-R)a^2+(2M-R-P)b^2+(2N-P-Q)c^2]\\&=(Q+R)a^2+(R+P)b^2+(P+Q)c^2-s^2-(La^2+Mb^2+Nc^2),\end{aligned}\right.$$

$$(170)\quad \left\{\begin{aligned}&[(L-Q)(L-R)a^2+(L-R)(M-P)b^2+(L-Q)(N-P)c^2]a^2\\&+[(M-R)(L-Q)a^2+(M-R)(M-P)b^2+(M-P)(N-Q)c^2]b^2\\&+[(N-Q)(L-R)a^2+(N-P)(M-R)b^2+(N-P)(N-Q)c^2]c^2\\&=(La^2+Mb^2+Nc^2)^2-[(Q+R)a^2+(R+P)b^2+(P+Q)c^2](La^2+Mb^2+Nc^2)\\&+(QRa^2+RPb^2+PQc^2)(a^2+b^2+c^2),\end{aligned}\right.$$

et par suite

$$\begin{aligned}&(La^2+Mb^2+Nc^2-s^2)^2-[(2L-Q-R)a^2+(2M-R-P)b^2+(2N-P-Q)c^2](La^2+Mb^2+Nc^2-s^2)\\
&+[(L-Q)(L-R)a^2+(L-R)(M-P)b^2+(L-Q)(N-P)c^2]a^2\\
&+[(M-R)(L-Q)a^2+(M-R)(M-P)b^2+(M-P)(N-Q)c^2]b^2\\
&+[(N-Q)(L-R)a^2+(N-P)(M-R)b^2+(N-P)(N-Q)c^2]c^2\\
&=s^4-[(Q+R)a^2+(R+P)b^2+(P+Q)c^2]s^2+(QRa^2+RPb^2+PQc^2)(a^2+b^2+c^2).\end{aligned}$$

Donc l'équation (136) ou (168) pourra être réduite à

$$(171)\quad \left\{\begin{aligned}&(La^2+Mb^2+Nc^2-s^2)\left\{\begin{aligned}&s^4-[(Q+R)a^2+(R+P)b^2+(P+Q)c^2]s^2\\&+(QRa^2+RPb^2+PQc^2)(a^2+b^2+c^2)\end{aligned}\right\}\\&+[16PQR-(L-Q)(M-R)(N-P)-(L-R)(M-P)(N-Q)]a^2b^2c^2=0.\end{aligned}\right.$$

Lorsque les coefficients L, M, N, P, Q, R vérifient non-seulement les conditions (156), (160), (164), mais encore la suivante

$$(172)\qquad (L-Q)(M-R)(N-P)+(L-R)(M-P)(N-Q)=16PQR,$$

l'équation (171) se décompose en deux autres, savoir,

$$(173)\qquad s^2=La^2+Mb^2+Nc^2,$$

et

$$(174)\qquad s^4-[(Q+R)a^2+(R+P)b^2+(P+Q)c^2]s^2+(QRa^2+RPb^2+PQc^2)(a^2+b^2+c^2)=0.$$

Par suite, l'une des trois nappes de la surface des ondes coïncide avec l'ellipsoïde auquel appartient l'équation

$$(175)\qquad \frac{x^2}{L}+\frac{y^2}{M}+\frac{z^2}{N}=t^2.$$

Cette même nappe, successivement coupée par les trois plans coordonnés, donne pour sections les trois ellipses que représentent les formules (159), (163), (167). Quant aux deux autres nappes, elles correspondent aux deux valeurs de s^2 déterminées par la formule (174).

Il est bon d'observer qu'on tire des conditions (156), (160), (164)

$$(176)\qquad (L-Q)(M-R)(N-P)\times(L-R)(M-P)(N-Q)=64P^2Q^2R^2,$$

et de cette dernière formule, combinée avec l'équation (172),

$$(177)\qquad [(L-Q)(M-R)(N-P)-(L-R)(M-P)(N-Q)]^2=0.$$

Donc les conditions (156), (160), (164), (172) entraînent la suivante

$$(178)\qquad (L-Q)(M-R)(N-P)=(L-R)(M-P)(N-Q)=8PQR.$$

Remarquons aussi que l'équation (174) peut être présentée sous la forme

$$(179)\qquad \left\{s^2-\frac{(Q+R)a^2+(R+P)b^2+(P+Q)c^2}{2}\right\}^2=$$

$$\frac{(Q-R)^2a^4+(R-P)^2b^4+(P-Q)^2c^4+2(P-Q)(P-R)b^2c^2+2(Q-R)(Q-P)c^2a^2+2(P-Q)(P-R)a^2b^2}{4}.$$

et qu'on en tire par conséquent

(180) $$s^2 = \frac{1}{2}[(Q+R)a^2 + (R+P)b^2 + (P+Q)c^2]$$

$$\pm \frac{1}{2}\sqrt{[(Q-R)^2a^4+(R-P)^2b^4+(P-Q)^2c^4+2(P-Q)(P-R)b^2c^2+2(Q-R)(Q-P)c^2a^2+2(P-Q)(P-R)a^2b^2]}.$$

Concevons maintenant que l'on désigne par θ, ι, $\varkappa$ les logarithmes Népériens des rapports $\frac{M-P}{2P}$, $\frac{N-Q}{2Q}$, $\frac{L-R}{2R}$, en sorte qu'on ait

(181) $$M - P = 2Pe^{\theta}, \quad N - Q = 2Qe^{\iota}, \quad L - R = 2Re^{\varkappa}.$$

Les conditions (156), (160), (164) donneront

(182) $$N - P = 2Pe^{-\theta}, \quad L - Q = 2Qe^{-\iota}, \quad M - R = 2Re^{-\varkappa}.$$

On trouvera par suite

(183) $$M = P(1 + 2e^{\theta}), \quad N = Q(1 + 2e^{\iota}), \quad L = R(1 + 2e^{\varkappa}),$$

et

(184) $$N = P(1 + 2e^{-\theta}), \quad L = Q(1 + 2e^{-\iota}), \quad M = R(1 + 2e^{-\varkappa}),$$

Si le système offrait la même élasticité en tous sens autour d'un point quelconque, les formules (183), (184) devraient s'accorder avec la suivante

(185) $$L = M = N = 3P = 3Q = 3R,$$

et l'on aurait en conséquence

(186) $$\theta = 0, \quad \iota = 0, \quad \varkappa = 0.$$

J'ajoute que, si les quantités θ, ι, $\varkappa$ ont des valeurs numériques différentes de zéro, mais très-petites, on trouvera, en considérant ces valeurs comme infiniment petites du premier ordre, et négligeant les infiniment petits du troisième ordre,

(187) $$\theta + \iota + \varkappa = 0.$$

En effet, on tirera des formules (183), (184)

$$LMN = PQR(1+2e^{\theta})(1+2e^{\iota})(1+2e^{\varkappa})$$

$$= PQR(1+2e^{-\theta})(1+2e^{-\iota})(1+2e^{-\varkappa}),$$

ou, ce qui revient au même,

$$(188)\qquad (1+2e^{\theta})(1+2e^{\iota})(1+2e^{\varkappa}) = (1+2e^{-\theta})(1+2e^{-\iota})(1+2e^{-\varkappa}),$$

puis on en conclura, en prenant les logarithmes Népériens des deux membres de l'équation (188),

$$(189)\qquad \mathrm{l}(1+2e^{\theta})+\mathrm{l}(1+2e^{\iota})+\mathrm{l}(1+2e^{\varkappa}) = \mathrm{l}(1+2e^{-\theta})+\mathrm{l}(1+2e^{-\iota})+\mathrm{l}(1+2e^{-\varkappa}).$$

D'ailleurs, en négligeant les infiniment petits du troisième ordre, on trouvera

$$(190)\qquad \begin{cases} \mathrm{l}(1+2e^{\theta}) = \mathrm{l}(3+2\theta+\theta^2) = \mathrm{l}(3)+\mathrm{l}\left(1+\dfrac{2\theta+\theta^2}{3}\right) = \mathrm{l}(3)+\dfrac{2}{3}\theta+\dfrac{1}{9}\theta^2, \text{ etc.}, \\ \mathrm{l}(1+2e^{-\theta}) = \mathrm{l}(3)-\dfrac{2}{3}\theta+\dfrac{1}{9}\theta^2, \quad \text{etc.}, \end{cases}$$

et par suite on réduira la formule (189) à

$$(191)\qquad \frac{2}{3}(\theta+\iota+\varkappa)+\frac{1}{9}(\theta^2+\iota^2+\varkappa^2) = -\frac{2}{3}(\theta+\iota+\varkappa)+\frac{1}{9}(\theta^2+\iota^2+\varkappa^2).$$

Or la formule (191) coïncide avec l'équation (187).

De ce qu'on vient de dire il résulte que, si, θ, ι, $\varkappa$ étant infiniment petits du premier ordre, on pose

$$(192)\qquad \theta+\iota+\varkappa = \varsigma,$$

ς sera une quantité infiniment petite du troisième, pourvu que les coefficients L, M, N, P, Q, R vérifient les conditions (156), (160), (164). D'autre part, en admettant que ces conditions soient remplies, on tirera des formules (181), (182)

$$(193)\qquad \begin{cases} (M-P)(N-Q)(L-R) = 8PQRe^{\theta+\iota+\varkappa} = 8PQRe^{\varsigma}, \\ (N-P)(L-Q)(M-R) = 8PQRe^{-\theta-\iota-\varkappa} = 8PQRe^{-\varsigma}, \end{cases}$$

(194) $(L-Q)(M-R)(N-P)+(L-R)(M-P)(N-Q)=8PQR(e^{\varsigma}+e^{-\varsigma})=16PQR\left(1+\frac{\varsigma^2}{2}+\ldots\right)$,

et par suite, en négligeant les puissances de ς supérieures à la seconde,

(195) $(L-Q)(M-R)(N-P)+(L-R)(M-P)(N-Q)=16PQR+8PQR\varsigma^2$.

Donc alors la formule (172) sera sensiblement vérifiée, et la différence entre ses deux membres sera une quantité infiniment petite du même ordre que ς^2, c'est-à-dire, du sixième ordre. Donc, en négligeant seulement les infiniment petits du sixième ordre, on pourra remplacer l'équation (171) par le système des deux équations (173) et (174).

Lorsque les quatre conditions (156), (160), (164), (172) sont toutes remplies, on tire des formules (172) et (194)

$$e^{\varsigma}+e^{-\varsigma}=2,$$

et par suite

$$e^{\varsigma}=1, \quad \varsigma=0,$$

ou, ce qui revient au même,

(187) $$\theta+\iota+\varkappa=0.$$

Donc alors l'équation (187) se trouve rigoureusement vérifiée.

Puisque, dans le cas où, θ, ι, $\varkappa$ s'évanouissent, les formules (183), (184) se réduisent à la formule (185), il est clair que, pour des valeurs infiniment petites de θ, ι, $\varkappa$, les différences

(196) $$R-Q, \quad P-R, \quad Q-P, \quad M-N, \quad N-L, \quad L-M$$

seront elles-mêmes infiniment petites, et les rapports

(197) $$\frac{P}{Q}, \frac{P}{R}, \frac{Q}{R}, \frac{Q}{P}, \frac{R}{P}, \frac{R}{Q}, \frac{L}{M}, \frac{L}{N}, \frac{M}{N}, \frac{M}{L}, \frac{N}{L}, \frac{N}{M},$$

infiniment peu différents de l'unité. D'ailleurs, si l'on égale entre elles les valeurs de P, Q, R ou de L, M, N tirées 1.° des formules (183), 2.° des formules (184), on en conclura, en négligeant les infiniment petits du second ordre, et ayant égard à la formule (187),

(198) $$\frac{M}{N}=\frac{1+2e^{\theta}}{1+2e^{-\theta}}=\frac{3+2\theta}{3-2\theta}=1+\frac{4}{3}\theta, \quad \frac{N}{L}=1+\frac{4}{3}\iota, \quad \frac{L}{M}=1+\frac{4}{3}\varkappa,$$

(199) $\frac{Q}{R} = \frac{1+2\varepsilon^{\varkappa}}{1+2\varepsilon^{-\iota}} = 1 + \frac{2}{3}(\varkappa+\iota) = 1 - \frac{2}{3}\theta, \quad \frac{R}{P} = 1 - \frac{2}{3}\iota, \quad \frac{P}{Q} = 1 - \frac{2}{3}\varkappa;$

et par suite

(200) $$M - N = \tfrac{2}{3}\theta N, \qquad N - L = \tfrac{2}{3}\iota L, \qquad L - M = \tfrac{2}{3}\varkappa M,$$

(201) $$R - Q = \tfrac{2}{3}\theta R, \qquad P - R = \tfrac{2}{3}\iota P, \qquad Q - P = \tfrac{2}{3}\varkappa Q.$$

Les formules (200), (201) montrent que, dans l'hypothèse admise, les différences (196) seront infiniment petites du premier ordre. De plus, en négligeant les infiniment petits du second ordre, on tirera des formules (201)

(202) $$\theta = \frac{3}{2}\,\frac{R-Q}{P}, \qquad \iota = \frac{3}{2}\,\frac{P-R}{Q}, \qquad \varkappa = \frac{3}{2}\,\frac{Q-P}{R},$$

et de ces dernières combinées avec les équations (183)

(203) $$L = 3(Q + R - P), \quad M = 3(R + P - Q), \quad N = 3(P + Q - R).$$

Supposons maintenant que, les quantités θ, ι, $\varkappa$, et par suite les différences (196), étant regardées comme infiniment petites du premier ordre, on cherche l'équation propre à représenter les deux nappes de la surface des ondes qui correspondent aux valeurs de s^2 déterminées par la formule (180). Concevons d'ailleurs que, dans le calcul, on néglige les infiniment petits du second ordre. Si l'on pose, pour abréger,

(204) $$\mathfrak{F}(a,b,c) = \tfrac{1}{2}[(Q+R)a^2 + (R+P)b^2 + (P+Q)c^2],$$

et

(205) $$\mathrm{f}(a,b,c) =$$

$$\tfrac{1}{2}\sqrt{[(Q-R)^2a^4+(R-P)^2b^4+(P-Q)^2c^4+2(P-Q)(P-R)b^2c^2+2(Q-R)(Q-P)c^2a^2+2(R-P)(R-Q)a^2b^2]},$$

la formule (180) deviendra

(206) $$s^2 = \mathfrak{F}(a, b, c) \pm \mathrm{f}(a, b, c),$$

et l'équation cherchée se réduira, en vertu de ce qui a été dit plus haut, à la formule (58) ou plutôt à la suivante

(207) $$t^2 = \mathfrak{F}(\mathrm{x}, \mathrm{y}, \mathrm{z}) \mp \mathrm{f}(\mathrm{x}, \mathrm{y}, \mathrm{z}),$$

les valeurs de x, y, z étant déterminées par les formules (37), qui, dans le cas présent, donneront

(208) $$\frac{Q+R}{2}\mathrm{x}=x,\qquad \frac{R+P}{2}\mathrm{y}=y,\qquad \frac{P+Q}{2}\mathrm{z}=z,$$

et par conséquent

(209) $$\mathrm{x}=\frac{2}{Q+R}x,\qquad \mathrm{y}=\frac{2}{R+P}y,\qquad \mathrm{z}=\frac{2}{P+Q}z.$$

En d'autres termes, il suffira, pour obtenir l'équation dont il s'agit, de substituer les valeurs précédentes de x, y, z dans la formule

(210) $$t^2=\tfrac{1}{4}[(Q+R)\mathrm{x}^2+(R+P)\mathrm{y}^2+(P+Q)\mathrm{z}^2]$$

$$\pm\tfrac{1}{4}\sqrt{[(Q-R)^2\mathrm{x}^4+(R-P)^2\mathrm{y}^4+(P-Q)^2\mathrm{z}^4+2(P-Q)(P-R)\mathrm{y}^2\mathrm{z}^2+2(Q-R)(Q-P)\mathrm{z}^2\mathrm{x}^2+2(R-P)(R-Q)\mathrm{x}^2\mathrm{y}^2]},$$

qu'on peut encore écrire comme il suit

(211) $$t^4-[(Q+R)\mathrm{x}^2+(R+P)\mathrm{y}^2+(P+Q)\mathrm{z}^2]t^2+(QR\mathrm{x}^2+RP\mathrm{y}^2+PQ\mathrm{z}^2)(\mathrm{x}^2+\mathrm{y}^2+\mathrm{z}^2)=0.$$

L'équation cherchée sera donc

(212) $$\left\{\begin{aligned}&t^4-4\left\{\frac{x^2}{Q+R}+\frac{y^2}{R+P}+\frac{z^2}{P+Q}\right\}t^2\\&+16\left\{\frac{QRx^2}{(Q+R)^2}+\frac{RPy^2}{(R+P)^2}+\frac{PQz^2}{(P+Q)^2}\right\}\left\{\frac{x^2}{(Q+R)^2}+\frac{y^2}{(R+P)^2}+\frac{z^2}{(P+Q)^2}\right\}=0,\end{aligned}\right.$$

Il importe d'observer qu'en négligeant les infiniment petits du second ordre, on réduira l'équation identique

$$\frac{2}{Q+R}=\frac{1}{2}\left\{\frac{1}{Q}+\frac{1}{R}\right\}-\frac{(Q-R)^2}{2QR(Q+R)}$$

à la formule

$$\frac{2}{Q+R}=\frac{1}{2}\left\{\frac{1}{Q}+\frac{1}{R}\right\},$$

et qu'on aura de même, sans erreur sensible,

$$\frac{2}{R+P}=\frac{1}{2}\left\{\frac{1}{R}+\frac{1}{P}\right\},\qquad \frac{2}{P+Q}=\frac{1}{2}\left\{\frac{1}{P}+\frac{1}{Q}\right\}.$$

Par suite la fonction

(213) $$\mathfrak{F}(\mathrm{x},\mathrm{y},\mathrm{z})=\frac{1}{2}[(Q+R)\mathrm{x}^2+(R+P)\mathrm{y}^2+(P+Q)\mathrm{z}^2]=2\left\{\frac{x^2}{Q+R}+\frac{y^2}{R+P}+\frac{z^2}{P+Q}\right\}$$

pourra être réduite à

$$(214)\quad \mathcal{F}(x,y,z)=\frac{1}{2}\left\{(Q+R)\frac{x^2}{QR}+(R+P)\frac{y^2}{RP}+(P+Q)\frac{z^2}{PQ}\right\}=\mathcal{F}\left(\frac{x}{Q^{\frac{1}{2}}R^{\frac{1}{2}}},\frac{y}{R^{\frac{1}{2}}P^{\frac{1}{2}}},\frac{z}{P^{\frac{1}{2}}Q^{\frac{1}{2}}}\right)$$

D'autre part, la fonction $f(x, y, z)$ étant, ainsi que les différences (196), infiniment petite du premier ordre, on pourra, dans cette fonction, substituer aux valeurs de x, y, z, déterminées par les formules (209), d'autres valeurs qui n'en diffèrent qu'infiniment peu, par exemple, les suivantes

$$(215)\qquad x=\frac{x}{Q^{\frac{1}{2}}R^{\frac{1}{2}}},\qquad y=\frac{y}{R^{\frac{1}{2}}P^{\frac{1}{2}}},\qquad z=\frac{z}{P^{\frac{1}{2}}Q^{\frac{1}{2}}}.$$

On aura donc encore, en négligeant les infiniment petits du second ordre,

$$(216)\qquad f(x,y,z)=f\left(\frac{x}{Q^{\frac{1}{2}}R^{\frac{1}{2}}},\frac{y}{R^{\frac{1}{2}}P^{\frac{1}{2}}},\frac{z}{P^{\frac{1}{2}}Q^{\frac{1}{2}}}\right).$$

Cela posé, la formule (207) deviendra

$$(217)\qquad t^2=\mathcal{F}\left\{\frac{x}{Q^{\frac{1}{2}}R^{\frac{1}{2}}},\frac{y}{R^{\frac{1}{2}}P^{\frac{1}{2}}},\frac{z}{P^{\frac{1}{2}}Q^{\frac{1}{2}}}\right\}\mp f\left\{\frac{x}{Q^{\frac{1}{2}}R^{\frac{1}{2}}},\frac{y}{R^{\frac{1}{2}}P^{\frac{1}{2}}},\frac{z}{P^{\frac{1}{2}}Q^{\frac{1}{2}}}\right\};$$

et, puisque l'équation (206) fournit les deux valeurs de s^2 qui vérifient la formule (174), il est clair que les deux nappes correspondantes de la surface des ondes pourront être représentées, non-seulement par l'équation (217), mais aussi par celle qu'on déduit de la formule (174), en y écrivant t au lieu de s, et

$$\frac{x}{Q^{\frac{1}{2}}R^{\frac{1}{2}}},\qquad \frac{y}{R^{\frac{1}{2}}P^{\frac{1}{2}}},\qquad \frac{z}{P^{\frac{1}{2}}Q^{\frac{1}{2}}},$$

au lieu de a, b, c, c'est-à-dire, par l'équation

$$(218)\quad t^4-\left\{(Q+R)\frac{x^2}{QR}+(R+P)\frac{y^2}{RP}+(P+Q)\frac{z^2}{PQ}\right\}t^2+(x^2+y^2+z^2)\left(\frac{x^2}{QR}+\frac{y^2}{RP}+\frac{z^2}{PQ}\right)=0,$$

ou

$$(219)\quad (x^2+y^2+z^2)(Px^2+Qy^2+Rz^2)-[P(Q+R)x^2+Q(R+P)y^2+R(P+Q)z^2]t^2+PQRt^4=0.$$

Si l'on coupe successivement la surface à laquelle appartient l'équation (219) par les plans des y, z, des z, x et des x, y, les sections ainsi obtenues seront, comme on devait s'y attendre, les trois cercles et les trois ellipses représentées par les formules (157), (161), (165) et (158), (162), (166).

Si, dans l'équation (219), on supposait $P = Q$, elle se décomposerait en deux autres, et ces deux dernières seraient précisément les formules (84), (85).

Cherchons à présent les directions suivant lesquelles se mesurent les vitesses et les déplacements des molécules dans les trois systèmes d'ondes planes correspondants aux trois valeurs de s^2 que détermine la formule (136). Chacune de ces directions sera parallèle à une droite représentée par une équation de la forme

$$\frac{x}{\mathcal{A}} = \frac{y}{\mathcal{B}} = \frac{z}{\mathcal{C}}, \tag{220}$$

les cosinus $\mathcal{A}$, $\mathcal{B}$, $\mathcal{C}$ étant déterminés par les formules (14), (36) et (38) du § 1.er, ce qui revient au même, par les suivantes

$$(221)\quad \begin{cases} (La^2 + Rb^2 + Qc^2 - s^2)\,\mathcal{A} + 2Rab\,\mathcal{B} + 2Qca\,\mathcal{C} = 0, \\ 2Rab\,\mathcal{A} + (Ra^2 + Mb^2 + Pc^2 - s^2)\,\mathcal{B} + 2Pbc\,\mathcal{C} = 0, \\ 2Qca\,\mathcal{A} + 2Pbc\,\mathcal{B} + (Qa^2 + Pb^2 + Nc^2 - s^2)\,\mathcal{C} = 0. \end{cases}$$

Si les conditions (156), (160), (164) et (172) sont remplies, l'équation (136) pourra être remplacée, comme on l'a dit, par le système des équations (173), (174). Or, si l'on substitue, dans les formules (221), la valeur de s^2 fournie par l'équation (173), elles donneront

$$(222)\quad \begin{cases} b[2Ra\,\mathcal{B} - (M - R)\,b\,\mathcal{A}] + c[2Qa\,\mathcal{C} - (N - Q)\,c\,\mathcal{A}] = 0, \\ c[2Pb\,\mathcal{C} - (N - P)\,c\,\mathcal{B}] + a[2Rb\,\mathcal{A} - (L - R)\,a\,\mathcal{B}] = 0, \\ a[2Qc\,\mathcal{A} - (L - Q)\,a\,\mathcal{C}] + b[2Pc\,\mathcal{B} - (M - P)\,b\,\mathcal{C}] = 0, \end{cases}$$

et il est clair qu'on vérifiera celles-ci, en choisissant les cosinus $\mathcal{A}$, $\mathcal{B}$, $\mathcal{C}$, de manière à vérifier les trois équations

$$(223)\quad \frac{\mathcal{B}}{\mathcal{C}} = \frac{2P}{N-P}\,\frac{b}{c}, \qquad \frac{\mathcal{C}}{\mathcal{A}} = \frac{2Q}{L-Q}\,\frac{c}{a}, \qquad \frac{\mathcal{A}}{\mathcal{B}} = \frac{2R}{M-R}\,\frac{a}{b},$$

dont les deux premières, eu égard aux conditions (156), (160), (164), (172), (178), entraînent la troisième, ainsi que les trois suivantes

$$(224)\qquad \frac{\mathcal{B}}{\mathcal{C}}=\frac{M-P}{2P}\,\frac{b}{c},\qquad \frac{\mathcal{C}}{\mathcal{A}}=\frac{N-Q}{2Q}\,\frac{c}{a},\qquad \frac{\mathcal{A}}{\mathcal{B}}=\frac{L-R}{2R}\,\frac{a}{b}.$$

Observons d'ailleurs qu'en vertu des formules (181) et (182) les équations (223) et (224) pourront être réduites à

$$(225)\qquad \frac{\mathcal{B}}{\mathcal{C}}=\frac{b}{c}\,e^{\theta},\qquad \frac{\mathcal{C}}{\mathcal{A}}=\frac{c}{a}\,e^{\iota},\qquad \frac{\mathcal{A}}{\mathcal{B}}=\frac{a}{b}\,e^{\varkappa},$$

et que ces dernières s'accordent entre elles, eu égard à l'équation (193).

Lorsque, les conditions (156), (160), (164) étant remplies, les différences (196) sont considérées comme infiniment petites du premier ordre, alors, en négligeant les quantités infiniment petites du troisième ordre, on obtient encore les équations (225). Alors aussi, les valeurs des exponentielles e^{θ}, e^{ι}, $e^{\varkappa}$ étant très-voisines de l'unité, les valeurs de $\mathcal{A}$, $\mathcal{B}$, $\mathcal{C}$, que fournissent les équations (225), diffèrent très-peu de celles que détermine la formule

$$(226)\qquad \frac{\mathcal{A}}{a}=\frac{\mathcal{B}}{b}=\frac{\mathcal{C}}{c}=\pm\frac{\sqrt{(\mathcal{A}^2+\mathcal{B}^2+\mathcal{C}^2)}}{\sqrt{(a^2+b^2+c^2)}}=\pm 1.$$

On doit en conclure que, dans l'hypothèse admise, toute onde plane qui se propage avec une vitesse déterminée par l'équation (173) renferme des molécules dont les déplacements se mesurent suivant des droites sensiblement perpendiculaires au plan de l'onde.

Il reste à trouver les valeurs de $\mathcal{A}$, $\mathcal{B}$, $\mathcal{C}$ qui correspondent aux valeurs de s^2 déterminées par la formule (174). Or, si l'on élimine $\mathcal{C}$ entre les deux premières des équations (221), on en conclura

$$\frac{\mathcal{A}}{2ac[2RPb^2-Q(Ra^2+Mb^2+Pc^2-s^2)]}=\frac{\mathcal{B}}{2bc[2QRa^2-P(La^2+Rb^2+Qc^2-s^2)]}$$

ou, ce qui revient au même,

$$(227)\qquad P\left[s^2-\left(L-\frac{2QR}{P}\right)a^2-Rb^2-Qc^2\right]\frac{\mathcal{A}}{a}=Q\left[s^2-Ra^2-\left(M-\frac{2RP}{Q}\right)b^2-Pc^2\right]\frac{\mathcal{B}}{b};$$

et, comme l'équation (227) devra subsister encore après un échange opéré entre les axes des y et z, on aura nécessairement

$$(228)\quad \left\{\begin{aligned} &P\left\{s^2-\left(L-\frac{2QR}{P}\right)a^2-Rb^2-Qc^2\right\}\frac{\mathcal{A}}{a}\\ &=Q\left\{s^2-Ra^2-\left(M-\frac{2RP}{Q}\right)b^2-Pc^2\right\}\frac{\mathcal{B}}{b}\\ &=R\left\{s^2-Qa^2-Pb^2-\left(N-\frac{2PQ}{R}\right)c^2\right\}\frac{\mathcal{C}}{c}.\end{aligned}\right.$$

Cette dernière formule, jointe à l'équation (10) du § 1.er, suffirait à la détermination générale des valeurs de $\mathcal{A}$, $\mathcal{B}$, $\mathcal{C}$ correspondantes aux valeurs de s^2 qui vérifient la formule (136). Mais, si l'on suppose remplies les conditions (156), (160), (164), alors, en considérant les différences (196) comme infiniment petites du premier ordre, et négligeant les infiniment petits du second ordre, on tirera des formules (203)

$$L-\frac{2QR}{P}=Q+R-P+2\left(Q+R-P-\frac{QR}{P}\right)=Q+R-P+2\,\frac{(P-R)(Q-P)}{P},$$

c'est-à-dire, à très-peu près,

$$(229)\quad \left\{\begin{aligned} &L-\frac{2QR}{P}=Q+R-P. \qquad \text{On trouvera pareillement}\\ &M-\frac{2RP}{Q}=R+P-Q,\\ &N-\frac{2PQ}{R}=P+Q-R.\end{aligned}\right.$$

Cela posé, la formule (228) deviendra

$$(230)\quad \left\{\begin{aligned} &P[s^2+P-P(b^2+c^2)-Q(c^2+a^2)-R(a^2+b^2)]\,\frac{\mathcal{A}}{a}\\ &=Q[s^2+Q-P(b^2+c^2)-Q(c^2+a^2)-R(a^2+b^2)]\,\frac{\mathcal{B}}{b}\\ &=R[s^2+R-P(b^2+c^2)-Q(c^2+a^2)-R(a^2+b^2)]\,\frac{\mathcal{C}}{c}.\end{aligned}\right.$$

D'ailleurs, si l'on nomme s'^2, s''^2 les deux valeurs de s^2 qui vérifient l'équation (174), on aura évidemment

(231) $$s'^2 + s''^2 = P(b^2 + c^2) + Q(c^2 + a^2) + R(a^2 + b^2).$$

Donc la formule (230) donnera

(232) $$P(P - s''^2)\frac{\mathcal{A}'}{a} = Q(Q - s''^2)\frac{\mathcal{B}'}{b} = R(R - s''^2)\frac{\mathcal{C}'}{c},$$

et

(233) $$P(P - s'^2)\frac{\mathcal{A}''}{a} = Q(Q - s'^2)\frac{\mathcal{B}''}{b} = R(R - s'^2)\frac{\mathcal{C}''}{c},$$

$\mathcal{A}'$, $\mathcal{B}'$, $\mathcal{C}'$ étant les valeurs des cosinus $\mathcal{A}$, $\mathcal{B}$, $\mathcal{C}$ pour $s = s'$, et $\mathcal{A}''$, $\mathcal{B}''$, $\mathcal{C}''$ les valeurs des mêmes cosinus pour $s = s''$.

Si, en considérant un système qui offre trois axes d'élasticité rectangulaires, on ne supposait pas les pressions nulles dans l'état naturel, il faudrait aux valeurs de s^2, que détermine la formule (136), ajouter le polynome (72). Alors, en admettant que les conditions (156), (160), (164), (172) fussent remplies, on obtiendrait, à la place des équations (173), (174), les deux formules

(234) $$s^2 = (L + G)a^2 + (M + H)b^2 + (N + I)c^2,$$

(235) $$\left\{\begin{aligned} &(s^2 - Ga^2 - Hb^2 - Ic^2)^2 \\ &- [(Q + R)a^2 + (R + P)b^2 + (P + Q)c^2](s^2 - Ga^2 - Hb^2 - Ic^2) \\ &+ (QRa^2 + RPb^2 + PQc^2)(a^2 + b^2 + c^2) = 0, \end{aligned}\right.$$

dont la dernière peut s'écrire ainsi qu'il suit

(236) $$\left\{s^2 - \frac{(Q+R+2G)a^2+(R+P+2H)b^2+(P+Q+2I)c^2}{2}\right\}^2 =$$
$$\frac{(Q-R)^2a^4+(R-P)^2b^4+(P-Q)^2c^4+2(P-Q)(P-R)b^2c^2+2(Q-R)(Q-P)c^2a^2+2(P-R)a^2b^2}{4};$$

et l'une des trois nappes de la surface des ondes coïnciderait avec l'ellipsoïde représenté non par l'équation (175), mais par la suivante

(237) $$\frac{x^2}{L+G} + \frac{y^2}{M+H} + \frac{z^2}{N+I} = t^2.$$

Alors aussi, en supposant remplies les conditions (156), (160), (164), regardant d'ailleurs les différences (196) comme infiniment petites du premier ordre, et négligeant les infiniment petits du second ordre, on déduirait des formules (58), (236) une équation propre à représenter les deux autres nappes de la surface des ondes, et, pour obtenir cette équation analogue à la formule (212), il suffirait d'éliminer x, y, z entre les formules

$$(238)\qquad \left\{ t^2 - \frac{(Q+R+2G)\mathrm{x}^2+(R+P+2H)\mathrm{y}^2+(P+Q+2I)\mathrm{z}^2}{2} \right\}^2 =$$

$$\frac{(Q-R)^2\mathrm{x}^4+(R-P)^2\mathrm{y}^4+(P-Q)^2\mathrm{z}^4+2(P-Q)(P-R)\mathrm{y}^2\mathrm{z}^2+2(Q-R)(Q-P)\mathrm{z}^2\mathrm{x}^2+2(P-Q)(P-R)\mathrm{x}^2\mathrm{y}^2}{4},$$

$$(239)\qquad \mathrm{x} = \frac{2}{Q+R+2G}x, \qquad \mathrm{y} = \frac{2}{R+P+2H}y, \qquad \mathrm{z} = \frac{2}{P+Q+2I}z.$$

Par conséquent l'équation dont il s'agit serait

$$(240)\qquad \left\{ t^2 - 2\left(\frac{x^2}{Q+R+2G} + \frac{y^2}{R+P+2H} + \frac{z^2}{P+Q+2I} \right) \right\}^2 =$$

$$4 \left\{ \begin{array}{c} \dfrac{(Q-R)^2x^4}{(Q+R+2G)^2} + \dfrac{(R-P)^2y^4}{(R+P+2H)^2} + \dfrac{(P-Q)^2z^4}{(P+Q+2I)^2} \\ + \dfrac{2(P-Q)(P-R)y^2z^2}{(R+P+2H)^2(P+Q+2I)^2} + \dfrac{2(Q-R)(Q-P)z^2x^2}{(P+Q+2I)^2(Q+R+2G)^2} + \dfrac{2(P-Q)(P-R)x^2y^2}{(Q+R+2G)^2(R+P+2H)^2} \end{array} \right\}$$

Quant aux déplacements absolus des molécules dans les ondes planes, ils se mesureraient toujours suivant des droites parallèles à celles que représente l'équation (220), quand on y substitue successivement les valeurs des cosinus $\mathcal{A}$, $\mathcal{B}$, $\mathcal{C}$ tirées des formules (223) et (228) ou (230).

Nous remarquerons, en terminant ce paragraphe, que, si l'on suppose

$$(241)\qquad a = \pm 1, \qquad b = 0, \qquad c = 0,$$

on tirera des formules (7), (8) du § 1.er

$$(242)\qquad \mathfrak{L} = L + \mathfrak{A}, \qquad \mathfrak{M} = R + \mathfrak{A}, \qquad \mathfrak{N} = Q + \mathfrak{A},$$

$$(243)\qquad \mathfrak{P} = U, \qquad \mathfrak{Q} = V, \qquad \mathfrak{R} = W.$$

Or des formules (242), (243), jointes à l'équation (10), il résulte que, pour les trois systèmes d'ondes planes renfermées entre des plans perpendiculaires à l'axe des x, les vitesses de propagation se réduisent aux trois valeurs positives de s déterminées par la formule

$$(244)\quad \left\{\begin{array}{l}(L+\mathfrak{A}-s^2)(R+\mathfrak{A}-s^2)(Q+\mathfrak{A}-s^2)\\ -U^2(L+\mathfrak{A}-s^2)-V^2(R+\mathfrak{A}-s^2)-W^2(Q+\mathfrak{A}-s^2)+2UVW=0.\end{array}\right.$$

Pareillement, pour les trois systèmes d'ondes planes renfermées entre des plans perpendiculaires à l'axe des y ou à l'axe des z, les vitesses de propagation se réduisent aux trois valeurs positives de s déterminées par la formule

$$(245)\quad \left\{\begin{array}{l}(R+\mathfrak{B}-s^2)(M+\mathfrak{B}-s^2)(P+\mathfrak{B}-s^2)\\ -U'^2(R+\mathfrak{B}-s^2)-V'^2(M+\mathfrak{B}-s^2)-W'^2(P+\mathfrak{B}-s^2)+2U'V'W'=0,\end{array}\right.$$

ou par la suivante

$$(246)\quad \left\{\begin{array}{l}(Q+\mathfrak{C}-s^2)(P+\mathfrak{C}-s^2)(N+\mathfrak{C}-s^2)\\ -U''^2(Q+\mathfrak{C}-s^2)-V''^2(P+\mathfrak{C}-s^2)-W''^2(N+\mathfrak{C}-s^2)+2U''V''W''=0.\end{array}\right.$$

Dans le cas où le système de molécules que l'on considère offre trois axes d'élasticité rectangulaires entre eux et respectivement parallèles aux axes des x, y, z, les coefficients

$$U,\ V,\ W;\quad U',\ V',\ W';\quad U'',\ V'',\ W''$$

s'évanouissent, et en écrivant G, H, I au lieu de $\mathfrak{A}$, $\mathfrak{B}$, $\mathfrak{C}$, on tire des formules (244), (245), (246)

$$(247)\quad (L+G-s^2)(R+G-s^2)(Q+G-s^2)=0,$$

$$(248)\quad (R+H-s^2)(M+H-s^2)(P+H-s^2)=0,$$

$$(249)\quad (Q+I-s^2)(P+I-s^2)(N+I-s^2)=0.$$

Donc alors les vitesses de propagation sont respectivement 1.° pour les trois systèmes d'ondes planes renfermées entre des plans perpendiculaires à l'axe des x,

$$(250)\quad \sqrt{L+G},\quad \sqrt{R+G},\quad \sqrt{Q+G},$$

2.° pour les trois systèmes d'ondes planes renfermées entre des plans perpendiculaires à l'axe des y,

(251) $$\sqrt{R+H}\,,\qquad \sqrt{M+H}\,,\qquad \sqrt{P+H}\,,$$

3.° pour les trois systèmes d'ondes planes renfermées entre des plans perpendiculaires à l'axe des z,

(252) $$\sqrt{Q+I}\,,\qquad \sqrt{P+I}\,,\qquad \sqrt{N+I}\,.$$

Parmi les neuf vitesses que nous venons de calculer, une seule contient dans son expression la lettre L ou M ou N. Au contraire, deux de ces vitesses renferment l'un quelconque des coefficients P, Q, R; et, si l'on veut que ces deux vitesses deviennent toujours égales entre elles, il faudra nécessairement supposer

(253) $$G=H=I,$$

---

§ 3. *Application des principes établis dans les paragraphes précédents à la théorie de la lumière.*

Plusieurs illustres géomètres ou physiciens, parmi lesquels on doit distinguer Huyghens, Euler, Young et Fresnel, ont supposé la sensation de la lumière produite par les vibrations des molécules d'un fluide impondérable qu'ils ont désigné sous le nom d'éther ou de fluide éthéré. Nous adopterons cette hypothèse, et nous supposerons de plus que les molécules de l'éther sont sollicitées par des forces d'attraction ou de répulsion mutuelle. Cette nouvelle supposition nous fournira le moyen d'assigner les lois suivant lesquelles la lumière se propage dans l'espace ou dans un milieu transparent. En effet, soit $\mathfrak{m}$ la molécule d'éther qui coïncide, au bout du temps t, avec le point (x,y,z), r le rayon vecteur mené primitivement de la molécule $\mathfrak{m}$ à une autre molécule m, α, β, γ les angles formés par ce rayon vecteur avec les demi-axes des coordonnées positives, enfin ξ, η, ζ les déplacements de la molécule $\mathfrak{m}$ mesurés parallèlement aux axes rectangulaires des x, y, z. Admettons d'ailleurs 1.° que l'état primitif du fluide éthéré soit un état d'équilibre dans lequel les molécules soient uniquement soumises aux actions qu'elles exercent l'une sur l'autre, 2.° que, dans cet état d'équilibre, l'attraction ou la répulsion mutuelle des deux molécules $\mathfrak{m}$, m soit représentée par le produit

$$\mathfrak{m}\, m\, f(r),$$

et devienne insensible pour des valeurs sensibles de r, 3.° que, dans une première approximation, l'on néglige non-seulement les produits, les carrés et les puissances supérieures de ξ, η, ζ et de leurs dérivées prises par rapport aux variables indépendantes x, z, y, t, mais encore tous les termes qui s'évanouiraient, si, dans l'état naturel du fluide éthéré, les masses m, m', m'', ... des diverses molécules étaient deux à deux égales entre elles et distribuées symétriquement de part et d'autre du point (x, y, z) sur des droites menées par ce point. Les équations différentielles du mouvement de la lumière se réduiront à celles qui sont inscrites, sous le n.° 11, à la page 131 du 4.e volume des *Exercices*. Cela posé, concevons que les déplacements et les vitesses des molécules éthérées soient nulles au premier instant pour tous les points situés hors d'une couche plane très-mince, dont l'épaisseur $2i$ est divisée en deux parties égales par un certain plan $OO'O''$, et restent les mêmes pour tous les points de la couche qui se trouvent situés à la même distance de ce plan. En vertu du théorème 1.er [§ 1.er], la propagation du mouvement de chaque côté du plan $OO'O''$ donnera généralement naissance à trois ondes lumineuses renfermées entre des plans parallèles. Chacune de ces ondes offrira une épaisseur égale à $2i$. De plus, les vitesses de propagation des trois ondes, mesurées suivant une perpendiculaire au plan $OO'O''$, seront constantes, et respectivement égales aux quantités qu'on obtient en divisant l'unité par les demi-axes de l'ellipsoïde que représente la formule (16) du § 1.er Enfin les déplacements absolus, ainsi que les vitesses absolues des molécules d'éther dans les trois ondes se mesureront suivant trois directions respectivement parallèles aux trois axes de l'ellipsoïde.

Considérons maintenant un grand nombre d'ondes planes, qui, au premier instant, se superposent dans le voisinage d'un certain point O, et qui soient renfermées entre des plans peu inclinés les uns sur les autres et sur le plan $OO'O''$. Admettons d'ailleurs que les vibrations des molécules de l'éther, étant, dans ces diverses ondes, dirigées suivant des droites parallèles, soient assez petites pour rester insensibles dans chaque onde prise séparément, mais deviennent sensibles par la superposition ci-dessus mentionnée. Le temps venant à croître, l'une quelconque des ondes primitives se propagera dans l'espace, et se subdivisera, de chaque côté du plan qui divisait son épaisseur en parties égales, en trois ondes semblables, renfermées entre des plans parallèles, mais douées de vitesses de propagation différentes [voyez la page 34]. Par conséquent le système d'ondes planes, que l'on considérait au premier instant, se subdivisera en trois autres systèmes, et le point de rencontre des ondes qui feront partie d'un même système se déplacera suivant une certaine droite, avec une vitesse de propagation distincte de celle des ondes planes. Ce point de rencontre est celui dans lequel on suppose que la lumière peut être perçue par l'œil, et la série des positions que prend le même point, tandis que les ondes se déplacent, constitue ce qu'on nomme un *rayon lumineux*. La *vitesse de la lumière*, mesurée dans le sens de ce rayon, doit être soigneusement distinguée non-seulement de la vitesse de propagation des ondes planes, mais encore de la vitesse propre des molécules éthérées. Enfin l'on nomme rayons polarisés ceux qui correspondent à des ondes planes dans lesquelles les vibrations des molécules restent constamment parallèles à une droite donnée.

Pour plus de généralité, nous dirons que, dans un rayon lumineux, la lumière est polarisée parallèlement à une droite ou à un plan donné, lorsque les vibrations des molécules éthérées seront constamment parallèles à cette droite ou à ce plan; et nous appellerons plan de polarisation le plan qui renfermera la direction du rayon lumineux et celle des vitesses propres des molécules éthérées.

Cela posé, il résulte des principes ci-dessus établis qu'en partant d'un point donné de l'espace, un rayon de lumière, dans lequel les vitesses propres des molécules ont des directions quelconques, se subdivisera généralement en trois rayons de lumière polarisée parallèlement aux trois axes d'un certain ellipsoïde. Mais chacun de ces rayons polarisés ne pourra plus être divisé par l'action du fluide éthéré dans lequel la lumière se propage. Il y a plus, les trois rayons se réduiront à deux ou même à un seul, si les vibrations initiales des molécules de l'éther sont parallèles à l'un des plans principaux de l'ellipsoïde ou à l'un de ses axes, et dès lors il est facile de comprendre pourquoi les rayons polarisés ne se subdivisent pas à l'infini.

Observons encore que le mode de polarisation dépend tout à la fois de la constitution du fluide éthéré, c'est-à-dire, de la distribution de ses molécules dans l'espace ou dans un corps transparent, et de la direction du plan $OO'O''$ qui divisait primitivement l'épaisseur d'une onde en parties égales. En effet, les quantités $\mathfrak{L}$, $\mathfrak{M}$, $\mathfrak{N}$, $\mathfrak{P}$, $\mathfrak{Q}$, $\mathfrak{R}$, à l'aide desquelles on peut déterminer la grandeur et la direction des axes de l'ellipsoïde représenté par l'équation (16) du § 1.er, dépendent en général non-seulement des valeurs que prennent dans un milieu donné les coefficients

$$\mathfrak{A},\ \mathfrak{B},\ \mathfrak{C},\ \mathfrak{D},\ \mathfrak{E},\ \mathfrak{F};\ L,\ M,\ N,\ P,\ Q,\ R;\ U,\ V,\ W,\ U',\ V',\ W'',\ U'',\ V'',\ W'';$$

[voyez les équations (7) et (8) du § 1.er], mais encore des coefficients a, b, c, c'est-à-dire, des cosinus des angles formés avec les demi-axes des coordonnées positives par la perpendiculaire au plan $OO'O''$.

Nous avons supposé, dans ce qui précède, que la surface représentée par l'équation (16) du § 1.er était un ellipsoïde. Alors les vitesses de propagation des ondes planes, parallèles à un plan donné $OO'O''$, sont toutes réelles et se confondent avec trois valeurs positives de s propres à vérifier l'équation (15) [§ 1.er]. Mais la distribution des molécules éthérées dans un corps pourrait être telle que les racines de l'équation (15) [§ 1.er], et par suite les vitesses de propagation des ondes planes fussent imaginaires. Dans ce cas, l'ellipsoïde (16) [§ 1.er] disparaîtrait, et, la propagation des ondes planes ne pouvant plus s'effectuer, le corps proposé deviendrait ce qu'on nomme un corps opaque.

www.ingramcontent.com/pod-product-compliance
Ingram Content Group UK Ltd.
Pitfield, Milton Keynes, MK11 3LW, UK
UKHW020356180726
13839UKWH00003B/1128